高等院校动画与数字媒体专业规划教材

3ds Max
三维动画设计与制作
（第二版）

唐杰晓　赵媛媛　主　编

闫　十　朱文耀　牟堂娟　副主编

化学工业出版社

·北京·

内 容 简 介

本书从当前动画技术发展和岗位人才需求的实际出发，通过 47 个实践性案例，由浅入深、循序渐进地介绍了 3ds Max 2020 中的常用概念和基本操作。全书共11 章，内容涵盖三维动画的概念及发展，3ds Max 基础知识，基本物体建模，高级物体建模，材质、贴图与渲染，灯光与摄影机，基础动画制作，高级动画制作，MassFX 物理模拟系统，粒子系统及空间扭曲，环境特效动画制作。

本书采用"功能介绍-课堂案例-课堂实训-课后实战"的编写思路，力求通过软件功能解析，使读者深入学习软件功能和基本制作技能；通过典型案例演练，使读者快速掌握软件功能和艺术设计思路；通过课堂实训和课后习题，拓展读者的实际应用能力。本书配套的文件包包含书中所有案例、课堂实训、课后习题的贴图文件和 3ds Max 源文件，读者可登录化学工业出版社官网，搜索本书，在"资源下载"处免费下载使用。需要说明的是，案例源文件需用 2020 版软件打开，如果无法打开，可转换版本后打开。

本书可作为高等院校动画、数字媒体、游戏设计及其他艺术设计类专业的教学用书，也可以作为相关培训机构的培训教材，以及动漫、影视等相关行业人员的参考用书。

图书在版编目（CIP）数据

3ds Max 三维动画设计与制作 / 唐杰晓，赵媛媛主编
. —2 版 . —北京：化学工业出版社，2019.12（2024.7 重印）
高等院校动画与数字媒体专业规划教材
ISBN 978-7-122-35444-0

Ⅰ. ①3… Ⅱ. ①唐… ②赵… Ⅲ. ①三维动画软件 –
高等学校 – 教材 Ⅳ. ①TP391.414

中国版本图书馆 CIP 数据核字（2019）第 244310 号

责任编辑：张　阳　　　　　　　　　　装帧设计：张　辉
责任校对：宋　玮

出版发行　化学工业出版社（北京市东城区青年湖南街 13 号　邮政编码 100011）
印　　装　北京缤索印刷有限公司
787mm×1092mm　1/16　印张 14¼　字数 365 千字　2024 年 7 月北京第 2 版第 5 次印刷

购书咨询：010-64518888　　　　　　售后服务：010-64518899
网　　址：http://www.cip.com.cn
凡购买本书，如有缺损质量问题，本社销售中心负责调换。

定　价：59.80 元

PREFACE 前言

进入21世纪以来，随着国家经济的迅猛发展和人民物质生活水平的提高，广大群众对精神文化的需求也逐渐增加，在国家大力提倡发展文化产业的背景下，国内的动画产业得到空前的发展。虽然近几年国内动画产业取得了较大进步，但是新的人民需求、社会需求、时代需求要求国内动画设计人员和动画教育工作者紧密结合国内外的动画产业发展趋势，不断地学习动画产业的新技术、新思想，成立或培养出符合新时代动画产业发展潮流的人才。

3ds Max是由Autodesk公司开发的三维设计软件。它功能强大、易学易用，深受国内外三维动画、建筑设计、影视动画、游戏制作人员的喜爱，并成为主流的三维软件之一。目前，我国大部分高等院校的影视动画、数字媒体、游戏设计等专业都将3ds Max作为一门重要的专业课程。为了帮助各院校的教师全面、系统地讲授这一重要课程，使学生能够熟练地使用3ds Max进行动画、虚拟现实、游戏等领域的设计制作，我们共同编写了本书。

本书紧密结合当下动画技术的发展和岗位人才的实际需求，建立了完善的3ds Max知识结构体系，从软件基本操作入手，采用"功能介绍-课堂案例-课堂实训-课后实战"这一思路进行编排，力求通过软件功能解析，使读者快速熟悉软件的各种功能和操作特点；通过典型案例演练，使读者深入学习软件功能和三维动画的制作思路；通过课堂练习和课后习题，拓展读者的实际应用能力。书中精心设置了源自专业动漫设计公司的47个案例，通过对这些案例进行全面分析和具体讲解，使其更加贴近实际工作需求，艺术创意思维更加开阔，实际设计制作水平进一步得到提升。总体而言，本书在内容编写方面，力求细致全面、突出重点；在文字叙述方面，坚持言简意赅、通俗易懂；在案例制作方面，强调案例的针对性和实用性。书中包含的所有案例、课堂实训、课后习题的贴图文件和3ds Max源文件，读者可以在化学工业出版社网站http://download.cip.com.cn/免费下载使用。

本书由唐杰晓、赵媛媛主编，闫十、朱文耀、牟堂娟副主编。在此由衷感谢韩国朝鲜大学金日兑（KIMILTAE）教授的悉心指导。此外，安徽数动文化传播有限公司总经理陈锐松、总监王峰，武汉荆楚点石数码设计有限公司总经理胡江波、设计总监陈杰、刘珍珍，合肥师范学院艺术传媒学院动画专业及朝鲜大学美术学院动画专业部分师生也参与了编写工作。

由于编写水平、时间有限，本书内容难免有所缺憾，望专业人士及读者朋友予以指正。

编者
2019年7月

参考学时

章节	课程内容	讲授	实训
第 1 章	三维动画的概念及发展	2	一
第 2 章	3ds Max 基础知识	2	2
第 3 章	基本物体建模	4	8
第 4 章	高级物体建模	4	12
第 5 章	材质、贴图与渲染	4	8
第 6 章	灯光与摄影机	4	4
第 7 章	基础动画制作	4	4
第 8 章	高级动画制作	4	8
第 9 章	MassFX 物理模拟系统	2	6
第 10 章	粒子系统及空间扭曲	4	8
第 11 章	环境特效动画制作	2	4
总学时		32	64

目录

CONTENTS

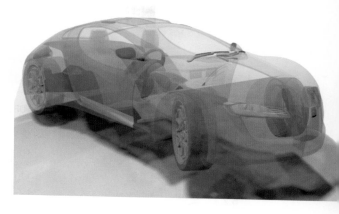

第5章 材质、贴图与渲染   81

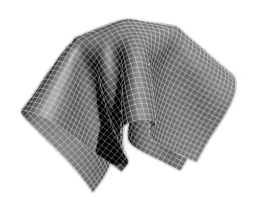

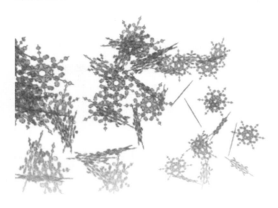

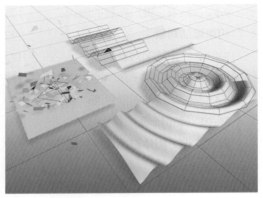

第 1 章
三维动画的概念及发展

本章内容 介绍三维动画的概念、发展和应用领域，以及常用的计算机三维动画软件、三维动画的创作流程等。

学习目标 了解三维动画的概念、发展以及应用；熟悉三维动画制作的主流软件名称及特点；掌握三维动画整体创作的流程。

1.1 ▶ 三维动画的概念

三维动画又称3D动画，是20世纪随着计算机软硬件技术的发展进步而产生的，是计算机图形图像技术与动画、艺术设计等相结合的交叉学科，主要通过计算机媒介，利用拓扑学、图形学以及其他相关学科的知识，在视图中制作具有三维空间效果的虚拟画面，并能够将静态的画面形成连续的动态画面，使得动画这一艺术形式更加真实生动，更具有感染力。计算机参与的三维动画在一定程度上解放了动画师们的创作限制，给人们提供了一个充分展示个人想象力和艺术才能的新天地，它使艺术创作的制作过程更为便捷，使动画艺术的表现更加丰富多彩（图1-1）。随着计算机软硬件技术、信息技术、可视化技术的进步，三维动画逐渐成为动画产业的主流。

三维动画制作是艺术和技术紧密结合的创作过程。在制作时，一方面要在技术上充分实现剧本创意的要求；另一方面，还要在画面色调、构图、镜头组接、节奏把握等方面进行艺术的再创造。与其他视觉艺术设计相比，三维动画艺术需要充分利用时间和空间概念，在借鉴视觉艺术设计的相关法则外，更多的是要按照影视艺术规律进行创作和表达。

图1-1 《阿凡达》

1.2 ▶ 三维动画技术的发展

三维动画比静态展示更为直观生动，能给观赏者带来更真实的视觉感受，更为出色地传递画面内容，表现画面效果。随着计算机图形图像技术的不断发展，三维动画越来越被人们所看重。三维动画发展到目前为止可以分为3个阶段。

第1阶段是1995～2000年，此阶段是三维动画的起步以及初步发展时期，标志性事件是1995年皮克斯动画制作的《玩具总动员1》（图1-2）。虽然三维动画技术在之前已经产生并出现过一些作品，但是这部动画片的上映及产生的影响力标志着动画艺术开始进入三维时代。在这一发展阶段，三维动画影片市场上的公司主要以皮克斯和迪斯尼为主。

第2阶段是2001～2003年，此阶段是三维动画的迅猛发展时期，期间不断有精彩的动画作品出现。2001年，迪士尼与皮克斯联合制作了《大眼仔的新车》《怪物电力公司1》（图1-3），梦工厂出品了《怪物史瑞克1》，福克斯公司出品了《冰河世纪1》等。尤其是迪士尼与皮克斯公司合作的《海底总动员》，将动画技术与人的亲情观念完美地结合在一起，创造了动画片史上的票房奇迹。

第3阶段是从2004年至今，三维动画影片步入其发展的全盛时期。在这一阶段，三维动画的制作公司所在地由美国逐渐发展到其他国家。传统的三维动画公司依旧强大，新崛起的动画公司也有佳作出现，全球各地的三维动画片数量急剧上升，出现了《小鸡快跑》《超人总动员》《功夫熊猫》《疯狂原始人》（图1-4）等一系列动画片。

在中国，近年来有不少制作精良的三维动画作品出现，如《秦时明月》《天行九歌》《斗破苍穹》《少年锦衣卫》等动画系列片，以及《西游记之大圣归来》（图1-5）《大鱼海棠》等动画电影。其中，获得近10亿人民币票房的《西游记之大圣归来》，一上映就在中国乃至世界引起

图1-2 《玩具总动员1》

图1-3 《怪物电力公司1》

图1-4 《疯狂原始人》

图1-5 《西游记之大圣归来》

了巨大的轰动和反响，再一次向世人展示了中国故事加三维动画艺术的独特魅力和巨大潜力，而2019年7月上映的《哪吒之魔童降世》（图1-6），也以极佳的口碑成功引爆了暑期档，上映第一天就创造了内地影史上动画电影单日票房的新纪录，并最终登顶中国影史动画电影票房冠军。这一系列制作精良、故事丰满的三维动画影片的出现，代表了中国三维动画艺术的巨大进步。

图1-6　《哪吒之魔童降世》

1.3 ▶ 三维动画的应用

1.3.1 影视动画

从简单的几何体模型到复杂的生物模型，从单个的模型展示，到复杂的场景如道路、桥梁、隧道等线型工程和小区、城市等场地工程的景观设计，以及影视特效的制作、合成等，三维动画突破了影视画面的拍摄局限，在视觉效果上弥补了拍摄的不足，带给人们更加真实和刺激的视觉效果（图1-7）。

1.3.2 电子游戏

电子游戏在最近几年消费需求旺盛，市场潜力巨大。当前，各种大型终端游戏普遍使用复杂的三维动画技术制作而成，包括相关的模型、动作、特效等，具有很强的真实性和交互性。可以预见，在今后的相当长的时间内，电子游戏会是三维动画应用的重要领域（图1-8）。

1.3.3 建筑、园林动画

现阶段，三维动画技术在建筑领域、园林景观领域得到了广泛应用：早期的建筑动画、园林景观动画因为技术上的限制和创意制作上的单一，制作出的是简单的跑相机动画；随着3D技术的提升与创作手法的多元化，建筑园林动画可以通过优质的脚本创作、精良的模型制作、情感式的表现方法、后期的电影剪辑手法，以及原创音乐音效，制作出的动画效果更为真实生动（图1-9）。

图1-7　《复仇者联盟》

图1-8　《王者荣耀》

图1-9　三维建筑设计

1.3.4 产品演示

产品演示动画涉及工业产品动画如汽车动画（图1-10）、飞机动画、火车动画等；电子产品动画如手机动画、医疗器械动画等；机械产品动画如机械零部件动画、油田开采设备动画等；产品生产过程动画如产品生产流程、生产工艺等动画演示。产品演示动画可以将产品的设计、制作、使用等以更加直观的形式展现，用于指导生产、展示最终产品效果、吸引消费者的注意等。

图1-10　汽车动画

图1-11　广告动画

图1-12　模拟驾驶室

1.3.5 广告动画

广告动画（图1-11）是以创意吸引受众注意的动画形式，是现代广告普遍采用的一种表现方式。广告动画中一些画面有的是纯动画的，也有的是实拍和动画结合的。三维动画技术在广告动画领域的应用和延伸，将最新的技术和最好的创意在片头、广告中得到应用，深刻地影响着它们的制作模式和发展趋势。

1.3.6 虚拟现实

虚拟现实（Virtual Reality，简称VR）技术常应用于酒店、别墅、公寓、写字楼、商品房的虚拟展示，园林景观、公园、博物馆的虚拟游览，地铁、机场、车站、码头等行业项目的展示宣传。虚拟现实的最大特点是用户可以与虚拟环境进行人机交互，将被动式观看变成更逼真的体验与互动（图1-12）。

1.3.7 其他领域

三维动画技术还广泛应用于医学、教育、生物、化学等诸多领域，不断地为人们的工作、学习以及生活提供便利。

1.4 ▶ 三维动画制作的主流软件

目前，动画制作领域的主流制作软件有3ds Max、Maya、Softimage XSI、Rhino、LightWave 3D、Cinema 4D等（图1-13）。

1.4.1 3ds Max

3ds Max是Discreet公司开发的基于PC系统的三维动画渲染和制作软件，后被Autodesk公司合并，它支持Windows系统、苹果系统，具有优良的多线程运算能力、丰富的建模和动画能力、出色的材质编辑系统，支持多处理器的并行运算，这些优秀的特点吸引了大批的三维动画制作者和公司。目前最新版本是3ds Max 2020。新版本更新了Chamfer修改器，扩展了对OSL着色的支持，并为动画预览添加了新的功能等。3ds Max 2020最大的改进就是专注于提高效率、性能和稳定

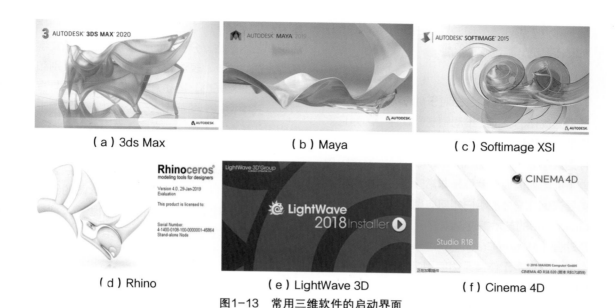

（a）3ds Max　　　　　　　（b）Maya　　　　　　　（c）Softimage XSI

（d）Rhino　　　　　　（e）LightWave 3D　　　　　（f）Cinema 4D

图1-13　常用三维软件的启动界面

性，□而加速内容创建过程，无论是导入数据、视□面更新，还是动画预览，都可以得到更准确的三维可视化效果，并最大限度地缩短制作与更新之间的时间。3ds Max参与了多部影视片的特效制作，例如《X战警Ⅱ》《最后的武士》等。

1.4.2　Maya

Maya是美国Autodesk公司出品的世界顶级三维动画软件，从一推出就凭借其功能完善、工作灵活、易学易用、制作效率极高、渲染真实感极强等特点保持着强劲的增长势头，现已成为电影级别的高端制作软件，长期被应用于影视动画和特技制作中，包括《星际战队》《指环王》等影片中的电脑特技部分制作都是由它所完成的。

1.4.3　Softimage XSI

Softimage XSI是由Softimage公司出品，为专业动画师研发的三维动画制作工具，一直都是世界著名影视数字工作室用于制作电影特技、电视系列片、广告和视频游戏的主要工具。它为制作人员带来了最快的制作速度和高质量的动画图像。《蝙蝠侠与罗宾》《接触》《第五元素》和《黑衣人》都用了Softimage 3D技术，创建了令人惊奇的视觉效果和角色，再如《侏罗纪公园》里身手敏捷的速龙、《闪灵悍将》里闪灵侠那飘荡的斗篷，都是用该软件设置动画的。

1.4.4　Rhino

Rhino是美国Robert McNeel & Assoc.开发的专业3D造型软件。它广泛应用于三维动画制作、工业制造以及科学研究等领域，能轻易整合3ds Max与Softimage的模型功能部分，对要求精细、弹性与复杂的3D NURBS模型有点石成金的效果。它可以输出".obj"".dxf"".iges"".stl"".3dm"等不同格式，并适用于几乎所有3D软件，尤其对增加整个3D工作团队的模型生产力有明显效果，非常适合三维建模人员使用。

1.4.5　LightWave 3D

LightWave 3D是由美国NewTek公司开发的一款高性价比的三维动画制作软件，是业界为数不多的几款重量级三维动画软件之一。LightWave 3D从有趣的系列游戏AMIGA开始，被广泛应用在电影、电视、游戏、网页、广告、印刷、动画等领域。它操作简便、易学易用，在生物建模和角色动画方面功能异常强大；基于光线跟踪、光能传递等技术的渲染模块令它的渲染品质更加出色。火爆一时的好莱坞大片《泰坦尼克号》中细致逼真的船体模型、《红色星球》中的电影特效以及《恐龙危机2》《生化危机：代号维罗妮卡》等许多经典游戏均由LightWave 3D开发制作完成。

1.4.6 Cinema 4D

Cinema 4D软件是相对于Maya和3ds Max来说更为优化的高端三维动画制作软件，因为它采用的是模块化的软件结构。建议初学三维动画软件的人不要选择学习Cinema 4D，特别是高级功能下的附加模板，就算是非常熟悉三维软件的人都要演练几遍才能明白如何应用。当下国内使用Cinema 4D的艺术家逐渐增多，这与国内动态图形动画（Motion Graphics Animation）艺术兴起有关，有许多工作室开始使用Cinema 4D与After Effects软件相结合进行动态图形动画开发工作。诸多我们熟悉的好莱坞大片中，越来越多地使用Cinema 4D。电影工业的发展以及动态图形动画的兴起使Cinema 4D快速普及起来。

最后补充一下，在现今3D动画制作领域还有很多制作软件，它们都有各自的操作特点，也拥有自己的用户群体。这里只对目前比较主流的软件做简单介绍，其他不再赘述。

1.5 ▶ 三维动画创作的具体流程

根据动画影片的实际创作流程，一部完整的影视类三维动画的设计制作总体上可分为前期设定、中期制作与后期合成3个部分。

1.5.1 前期设定

前期设定是指在使用电脑正式制作前，对动画片进行规划与设计，主要包括文学剧本创作、分镜头剧本创作、造型设定、场景设定等。

（1）文学剧本创作

文学剧本是动画影片的基础，要求将故事内容进行文字表述，即剧本所描述的内容可以用文字来表现。动画片的文学剧本来源，如神话、科幻、民间故事等，要求积极向上、思路清晰、逻辑合理。

（2）分镜画面创作

分镜画面创作是把文字视觉化的重要一步，

是导演根据文学剧本进行的再创作，体现其创作思想和艺术风格。分镜画面创作包括图片和文字说明（图1-14），表达的内容包括镜头的类别和运动、构图和光影、运动方式和时间、音乐与音效等。其中，每个图画代表一个镜头，文字用于说明镜头长度、人物台词及动作等内容。

（3）概念图绘制

概念图绘制是指相关的创作者针对文字剧本和分镜画面进行一系列的草图、概念图的绘制（图1-15），用以展示导演的想法和思路，往往以灵感性的表达为主，不拘泥于具体形式，而要求能够展示出丰富的想象力，画面内容包括角

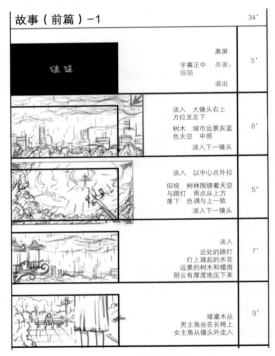

图1-14 分镜头剧本

图1-15 概念图绘制

色、场景、空间等，以便为后期的造型和场景设定提供一定的参照。

（4）造型设定

造型设定包括人物造型、动物造型、器物造型等设计（图1-16）。设计内容包括角色的外形设计与动作设计。造型设定的要求比较严格，包括标准造型、转面图、结构图、比例图、道具与服装分解图等，一般通过角色的典型动作设计，如几幅带有情绪的角色动作来体现角色的性格和心理变化，并且附以文字说明来实现。

（5）场景设定

场景设定是整个动画片中景物和环境的来源，比较严谨的场景设定包括平面图、结构分解图、色彩气氛图等，通常用一幅图来表达（图1-17）。

1.5.2 中期制作

中期制作即根据前期设定，在计算机中通过相关制作软件制作出动画片段，包括建模、材质贴图、设定动画、灯光、摄影机、渲染输出等，这是三维动画制作的核心部分。

（1）建模

建模需要动画师根据前期的造型设定，通过三维建模软件在计算机中制作出角色模型（图1-18）。这是三维动画中很繁重的一项工作，需要对出场的角色和场景中出现的物体都进行建模。通常使用的软件有3ds Max、AutoCAD、Maya等。

图1-16　造型设定

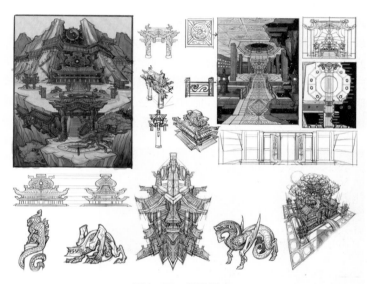

图1-17　场景设定

图1-18　建模

（2）材质贴图

材质即为建好的模型赋予生动的表面特性，具体体现在模型的颜色、肌理、质感、透明度、反光度、高光强度、自发光及粗糙程度等特性上。贴图指把二维图片通过软件的计算贴到三维模型上，形成表面的细节和结构。贴图涉及将具体图片贴到特定的位置，三维软件使用了贴图坐标的概念，一般有平面、柱体和球体等贴图方式，分别对应于不同的需求。需要指出的是，模型的材质和贴图要与现实生活中的对象属性相一致，才能表现出真实质感（图1-19）。

（3）灯光

设置灯光的目的是最大限度地模拟自然界的光线类型和人工光线类型。三维软件中的灯光主要有自然灯光（如太阳、蜡烛等四面发射光线的光源）和光度学灯光（如探照灯、电筒等有照明方向的光源）两大类。灯光起着照明场景、投射阴影及增添氛围的作用，是动画中三维空间效果表现的重要工具，与材质和贴图也有着紧密的

图1-19 材质贴图

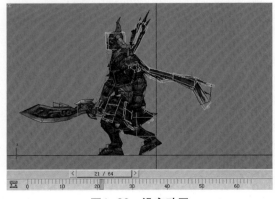

图1-20 设定动画

联系。

（4）设定动画

根据分镜头剧本与动作设计，参照造型设定在三维动画制作软件中制作出一个个动画片段。其中，动作与画面的变化通过关键帧来实现。设定动画的主要画面为关键帧，关键帧之间的过渡由计算机来完成。角色说话的口型变化、喜怒哀乐的表情、走路动作等，都要符合自然规律，制作要尽可能细腻、逼真。对于角色的动作变化，三维软件里提供了骨骼工具，通过蒙皮技术将模型与骨骼绑定，产生合乎角色运动规律的动作（图1-20）。

（5）摄影机

依照摄影摄像的相关原理，在三维动画软件中使用摄影机工具实现分镜画面的镜头效果。摄影机功能要根据情节和画面的需要来运用，这直接关系到最终影片效果的形成，是导演意志的体现。其中，画面的稳定、流畅是使用摄影机的第一要素。摄像机的位置变化也能使画面产生动态效果（图1-21）。

（6）渲染输出

渲染是指根据场景的设置以及赋予物体的材质和贴图、灯光等，由程序绘出一幅完整的画面或一段动画。三维动画必须通过渲染才能输出，得到最终的静态图片或连续的动画效果，而渲染器和渲染参数设置决定了最终的影片效果（图1-22）。渲染通常输出为图片文件或视频文件。

1.5.3 后期合成

影视类三维动画的后期合成，主要是将之前所做的动画片段、声音等素材，按照分镜头剧本的设计，通过非线性编辑软件的编辑，最终生成动画影视文件。

（1）后期特效

特效师需要根据故事和镜头画面要求，在后期添加各种特效，包括水、烟、雾、火、光效等，这些需要在三维软件中进行制作（图1-23）。

（2）合成

合成指动画、灯光、特效等制作完成后，由

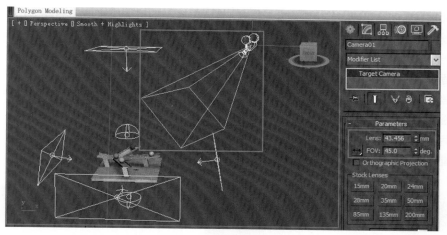

图1-21　设置摄影机

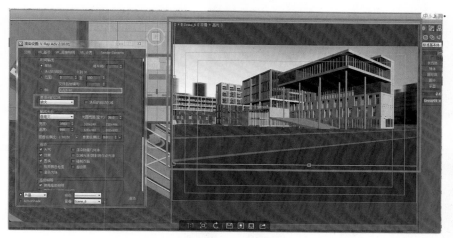

图1-22　渲染输出

图1-23　后期特效

后期合成师根据导演意见或者分镜画面要求把各镜头文件分层渲染，并提供合成用的图层和通道。合成一般在后期合成软件中进行（图1-24）。

（3）配音配乐

根据剧本设计需要，由专业配音师根据画面镜头要求配音，结合画面剧情配上合适的背景音乐、音效等（图1-25）。

（4）剪辑输出

渲染的各图层影像由后期人员合成完整成片，并根据客户、监制及导演意见剪辑成不同版本，以供不同需要之用（图1-26）。

每一个环节相辅相成，稍有衔接不好，就会导致整部片子的失败，所以每一个环节的工作人员不仅要对自己所处的环节了如指掌，对其他环节的制作也要有全面的了解。

图1-24 合成

图1-25 配音配乐

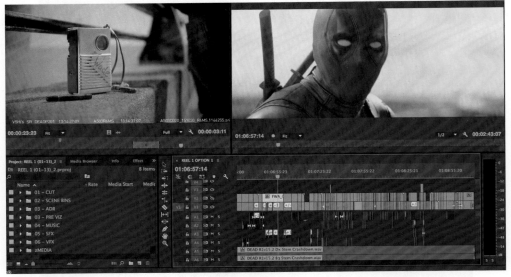

图1-26 剪辑输出

课后习题

1. 《料理鼠王》《海底总动员》《汽车总动员》是由哪个动画公司制作的？

2. 3ds Max 2020这个功能强大的三维动画软件是哪个公司出品的？

3. 三维动画的应用领域有哪些？

4. 简述三维动画创作的具体流程。

第 **2** 章
3ds Max基础知识

本章内容 主要介绍3ds Max 2020的基本概况、软件在动画设计中的应用特色，以及3ds Max 2020的基本操作方法。

学习目标 了解3ds Max的基本概况及其应用特色；熟悉3ds Max的操作界面及基本操作；掌握3ds Max的选择、变换、复制、捕捉、对齐、轴心控制等工具命令；掌握3ds Max的保存、导入、导出、撤销和重做等命令。

2.1 ▶ 3ds Max概述

3ds Max是Autodesk公司开发的全功能的三维计算机图形软件，其前身是3D Studio系列版本的设计软件，运行在Win32和Win64平台上。2014年5月，3ds Max发布了2020版本（图2-1）。在Windows NT出现以前，工业级的计算机图形制作被SGI图形工作站所垄断。3D Studio Max + Windows NT组合的出现降低了CG动画制作的门槛，并被尝试运用于电脑游戏的动画制作中，后来又进一步参与到影视电影特效的制作中，例如《X战警2》《最后的武士》等。

最初的3D Studio产品是Yost Group为DOS平台开发的，由Autodesk公司发行。从第2版开始，Autodesk公司买下后期两个版本的标志和内核开发。在3D Studio Release 4后，产品转到Windows NT平台，名称改为"3D Studio Max"，此版本由Yost Group制作，并由Autodesk公司旗下的Kinetix公司发行。1999年，Autodesk收购Discreet Logic公司，将其与Kinetix合并成立了新的Discreet分部，并由新成立的Discreet负责3D Studio Max的发行。随

后，产品名称为了符合Discreet公司的命名标准，改名为"3ds max（开头字母小写）"。之后，Discreet公司被Autodesk公司收购，在第8版产品上加上Autodesk的标志，名称又变为"3ds Max（开头字母大写）"。3ds Max功能强大，内置工具十分丰富，外置接口也很多。它采用按钮化设计，所有命令都可以通过按钮来实现，其所带来的质感和图形工作站几乎没有差异，并可以以64位进行运算，存储32位真彩图像。3ds Max一经推出，其强大的功能立即使它成为制作电脑效果图和三维动画的首选软件，可以完成从建模、渲染到动画的全部制作任务，因而被广泛运用于各个领域。

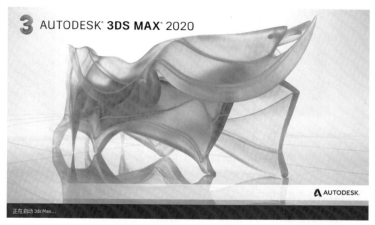
图2-1　3ds Max启动界面

2.2 ▶ 3ds Max的基础操作

2.2.1 3ds Max 2020的启动

3ds Max 2020安装完成之后，会自动在系统的"开始"菜单中创建程序组，执行"开始>程序> Autodesk >Autodesk 3ds Max 2020 >3ds Max 2020-Simplified Chinese（简体中文）"，或双击桌面上的快捷方式图标，即可启动3ds Max 2020软件（图2-2）。

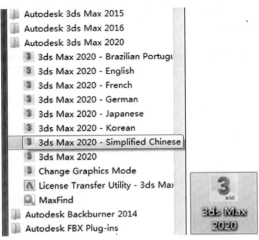

图2-2　启动3ds Max 2020

2.2.2 3ds Max 2020的退出

选择"文件>退出"命令，即可退出软件。如果此时场景中文件未保存，会出现一个对话框，询问是否保存更改（图2-3）。如需将场景保存，单击"保存（S）"按钮，不保存则单击"不保存（N）"按钮。

图2-3　保存对话框

退出3ds Max 2020软件还有以下两种方法。

① 确认3ds Max 2020软件为当前激活窗口，按Alt+F4组合键即可。

② 直接单击3ds Max 2020窗口右上角的"×"按钮，这和关闭其他的Windows程序相同。

2.2.3 3ds Max 2020的打开、保存文件

打开3ds Max文件有以下3种方法（图2-4）。

① 双击3ds Max文件即可打开。

② 选择3ds Max文件，点击右键，在弹出的对话框中选择 Open with Autodesk 3ds Max 2020 即可。

③ 打开3ds Max软件后，点击左上角的"文件"，选择"打开"，查找文件路径并选择文件即可。

（a）

（b）　　　　　　（c）

图2-4　打开3ds Max文件

保存3ds Max文件有以下两种方法。

① 在Max文件中，点击Ctrl+S即可保存文件。

② 点击Max软件左上角的"文件"，选"保存"，即可设置保存文件路径并保存文件（图2-5）。

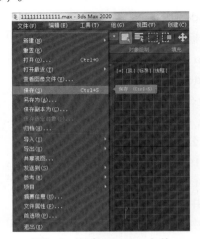

图2-5　保存3ds Max文件

2.2.4 3ds Max 2020的导入、导出文件

导入3ds Max文件时，点击Max软件左上角的"文件"，选"导入"，在右侧选择面板中点击"导入"或者其他选项即可添加文件（图2-6）。

导出3ds Max文件时，点击Max软件左上角的图标，选"导出"，在右侧选择面板中点击"导出"或者其他选项即可输出文件（图2-7）。

图2-6　导入3ds Max文件

图2-7　导出3ds Max文件

提示　导入、导出功能可以实现三维软件中模型的转换，将Maya、Rhino、Zbrush以及3ds Max的模型转化为其他格式，并轻松导入到另一软件中，可以提高利用率，节省操作时间。

2.3 ▶ 3ds Max 2020的操作界面

在学习3ds Max 2020之前，首先要认识它的操作界面，并熟悉各控制区的用途和使用方法，这样才能在建模、贴图、动画等过程中得心应手地使用各种工具和命令，节省大量的工作时间。

2.3.1 3ds Max 2020操作界面简介

3ds Max 2020操作界面的外框尺寸是可以改变的，界面内的4个视图区的尺寸也可以改变，但功能区的尺寸不能改变。如果工具栏和命令面板不能全部显示，可通过拖动滑动条来显示。

3ds Max 2020操作界面主要由15个区域组成（图2-8）。

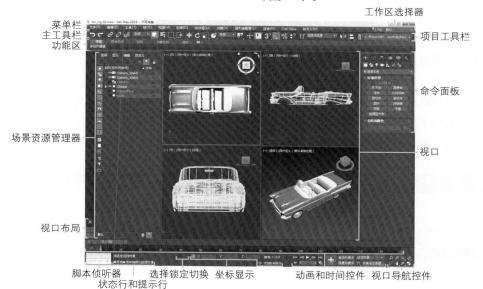

图2-8　3ds Max 2020操作界面

表2-1　菜单栏主要功能简介

名称	主要功能
文件菜单	该菜单用于Max文件管理,包括新建、重置、打开、保存、另存为、合并、导入、导出等常用操作命令
编辑菜单	该菜单用于对文件的编辑,包括撤销、暂存、复制、删除等命令
工具菜单	该菜单中提供了各种常用工具,如镜像、阵列、对齐等
组菜单	该菜单包含一些将多个对象编辑成组或者将组分解成独立对象的命令
视图菜单	该菜单包含用来控制视图的显示方式以及视图的相关参数设置等
创建菜单	在菜单中可以创建模型、灯光、粒子等对象
修改器菜单	在菜单中可以为对象添加相关的修改器
动画菜单	该菜单主要用来控制动画,包括正向动力学、反向动力学、骨骼的创建和修改命令等
图形编辑器菜单	该菜单是场景元素间关系的图形化视图,包括曲线编辑器、摄影表编辑器、图解视图、粒子视图和运动混合器等
渲染菜单	该菜单包括渲染、环境设置、效果设定等功能,是Max中重要的功能菜单之一
Civil View	该菜单是一款供土木工程师和交通运输基础设施规划人员使用的可视化工具
自定义菜单	该菜单用来更改用户界面或系统设置,使操作更具个性化
脚本菜单	在该菜单中包括创建、测试、运行脚本等命令
Interactive	该菜单中提供3ds Max的帮助手册功能
内容	该菜单中提供3ds Max的资源库功能
Arnold	该菜单中提供Arnold渲染器的相关功能和使用说明等
帮助菜单	该菜单提供了对用户的帮助功能,包括提供脚本参考、用户指南、快捷键、第三方插件、新产品等信息

2.3.2 菜单栏

菜单栏位于3ds Max 2020操作界面的左上方,为用户提供了一个用于文件管理、编辑修改、渲染和寻求帮助的接口,包括文件、编辑、工具、组、视图、创建、修改器等17个菜单(图2-9)。用鼠标单击其中任意一个菜单,都会弹出该菜单相应的下拉菜单,用户可以直接选择所要执行的命令。表2-1所示为各个菜单的功能。

相关菜单打开之后有详细工具,大家可参见软件界面。

2.3.3 工具栏

工具栏位于菜单栏的下方,包括各种常用工具的快捷按钮,使用起来非常方便。通常在1280×960像素的显示分辨率下,工具按钮才能完全显示在工具栏中。工具栏中的所有快捷按钮如图2-10所示。

图2-9　菜单栏

图2-10　工具栏

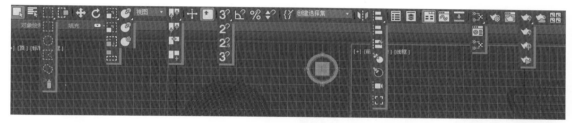

图2-11　显示隐藏按钮

如果显示器分辨率低于1280×960像素，可以通过如下两种方法解决工具栏的显示问题。

将光标移动到工具栏空白处，当光标变成小手标志时，按住鼠标左键不放并拖拽光标，工具栏会跟随光标滚动显示。

如果配备的鼠标带有滚轮，可在工具栏任意位置按住鼠标滚轮不放，这时光标变成小手标志，拖拽光标也能显示其他工具按钮。

在3ds Max 2020系统中，有一些快捷按钮的右下角有一个"小三角"标记，这表示该按钮下有隐藏按钮。单击该按钮并按住鼠标左键不放，会展开一组新的按钮，向下移动光标到相应的按钮上，即可选择该按钮（图2-11）。

还有一些按钮在浮动工具栏中，要选择这些按钮，可在工具栏的空白处单击鼠标右键（图2-12），在弹出的菜单中选择相应的命令，系统会弹出该命令的浮动工具栏（图2-13）。

2.3.4　命令面板

命令面板位于3ds Max 2020操作界面的右侧，提供了丰富的工具，可以用于完成模型的建立与编辑、动画轨迹的设置、灯光和摄影机的控制等操作，外部插件的窗口也位于这里。

要显示其他面板，只需单击命令面板顶部的选项卡即可切换至不同的命令面板，从左至右依次为 ✚（创建）、◪（修改）、▦（层次）、◉（运动）、▭（显示）、🔧（工具）（图2-14）。

面板上标有"+（加号）"或"-（减号）"按钮的即是卷展栏。卷展栏的标题左侧带有"+"表示卷展栏卷起，有"-"表示卷展栏展开，通过单击"+"或"-"可以在卷起和展开之间切换。

2.3.5　视图区

视图区是3ds Max 2020操作界面中最大的区域，位于操作界面的中部，是主要的工作区。在视图区中，3ds Max 2020系统本身默认为4个基本视图（图2-15）。

顶视图：从场景正上方向下垂直观察对象。

前视图：从场景正前方观察对象。

左视图：从场景正左方观察对象。

透视图：能从任何角度观察对象的整体效果，可以变换角度进行观察。透视图是以三维立体方式对场景进行观察的，其他3个视图都是以平面形式对场景进行显示观察的。

图2-12　浮动工具栏菜单　　　　图2-13　浮动工具栏

图2-14　命令面板

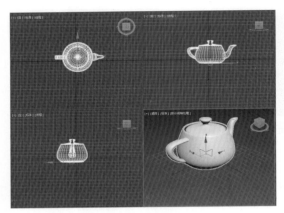

图2-15　视图区域

4个视图的类型是可以改变的，激活视图后，按下相应的快捷键，就可以实现视图之间的切换。快捷键如表2-2所示。

表2-2　快捷键图表

快捷键	英文名称	中文名称
T	Top	顶视图
B	Bottom	底视图
L	Left	左视图
U	Use	用户视图
F	Front	前视图
P	Perspective	透视图
C	Camera	摄像机视图

切换视图还可以用另一种方法。在每个视图的左上角都有视图类型提示，单击视图名称，在弹出的菜单中选择要切换的视图类型即可（图2-16）。

在3ds Max 2020中，各视图的大小也不是固定不变的，将光标移到视图分界处，鼠标光标变为十字形状，按住鼠标左键不放并拖拽光标，就可以调整各视图的大小（图2-17）。如果想恢复均匀分布状态，可以在视图的分界线处单击鼠标右键，选择"重置布局"命令，即可复位视图（图2-18）。

2.3.6　视图控制区

视图控制区位于3ds Max 2020操作界面的右下角，该控制区内的功能按钮主要用于控制各视

图2-16　视图控制菜单

图2-17　更改视图区域

图2-18　复位视图

图2-19　视图控制区

图的显示状态，部分按钮内还有隐藏按钮（图2-19）。

熟练运用这些按钮，可以大大提高工作效率。下面介绍这些按钮的功能。

🔍（缩放）：单击该按钮后，在视图中光标变为🔍时，按住鼠标左键不放并拖拽光标，

可以拉近或推远场景。该按钮只作用于当前被激活的视图窗口。

（缩放所有视图）：单击该按钮后，在视图中光标变为，按住鼠标左键不放并拖拽光标，所有可见视图都会同步拉近或推远场景。

（最大化显示）：单击该按钮后会缩放被激活的视图，以显示视图中的所有对象。

（所有视图最大化显示）：单击该按钮后，缩放所有可见视图，以显示视图中的所有对象。

（缩放区域）：单击该按钮后可以在任意视图中进行框选，视图将放大成被框选的场景。

（平移视图）：单击该按钮，视图中的光标变为"手"形状，按住鼠标左键不放并拖拽光标，可以移动视图位置；如果配置的鼠标有滚轮，在视图中直接按住滚轮不放并拖拽光标即可。

（环绕）：将视图中心作为旋转中心，如果对象靠近视图边缘，它们可能会旋出视图范围。

（最大化视口切换）：单击此按钮，当前视图满屏显示，便于对场景进行精细编辑操作。再次单击此按钮，可恢复原来的状态。其快捷键为Alt+W。

2.3.7 动画控制区

动画控制区位于屏幕的下方，包括动画控制区、时间滑块和轨迹条，主要用于制作动画时，进行动画的记录、动画帧的选择、动画的播放、动画时间的控制等。图2-20、图2-21所示为动画控制区。

自动关键点：启用自动关键点后，对对象位置、旋转和缩放所做的更改都会自动设置成关键帧。

设置关键点：其模式使用户能够自己控制在什么时间创建什么类型的关键帧。在需要设置关键帧的位置单击 （设置关键点）按钮，可创建关键点。

（新建关键点的默认入/出切线）：该弹出按钮可为新的动画关键点提供快速设置默认切线类型的方法。这些新的关键点是用设置关键点模式或者自动关键点模式创建的。

关键点过滤器…：显示设置关键点过滤器对话框。在该对话框中可以定义哪些类型的轨迹可以设置关键点，哪些类型不可以。

（转到开头）：单击该按钮可以将时间滑块移动到时间段的第一帧。

（上一帧）：将时间滑块后退移动一帧。

（播放动画）：播放按钮用于在活动视口中播放动画。

（下一帧）：可将时间滑块前进移动一帧。

（转至结尾）：将时间滑块移动到活动时间段的最后一帧。

（关键点模式切换）：该按键可以在动画中的关键帧之间直接跳转。

（时间配置）：单击该按钮可以打开时间配置对话框，其中提供了帧速率、时间显示、播放和动画设置等。

2.3.8 坐标显示

主要用于建模时对造型空间位置的提示（图2-22）。

图2-20 动画控制区（1）

图2-22 坐标显示

图2-21 动画控制区（2）

2.3.9 状态栏和提示行

主要用于建模时对模型的操作说明（图2-23）。

未选定任何对象
单击并拖动以选择并移动对象

图2-23　状态栏和提示行

2.3.10 场景资源管理器

主要用于查看、排序、过滤和选择对象，以及重命名、删除、隐藏和冻结对象（图2-24）。

2.3.11 视口布局

主要用于控制视口的布局（图2-25），包括全视图、两视图、三视图、四视图以及视图的不同布局等。其中，点击██弹出标准视口布局（图2-26）。

2.4 ▶ 3ds Max 2020的坐标系统

3ds Max 2020提供了多种坐标系统，这些坐标系统可以直接在工具栏中进行选择（图2-27）。

视图坐标系统：这是3ds Max 2020默认的坐标系统，也是使用最普遍的坐标系统。它是屏幕坐标系统与世界坐标系统的结合。视图坐标系统的正视图使用屏幕坐标系统，透视图和用户视图使用世界坐标系统。

屏幕坐标系统：在所有视图中都使用同样的坐标轴向，即X轴为水平方向，Y轴为垂直方向，Z轴为景深方向，这是用户习惯的坐标方向。该坐标系统把计算机屏幕作为X轴、Y轴，向屏幕内部延伸为Z轴。

世界坐标系统：在3ds Max 2020操作界面中，从前方看，X轴为水平方向，Y轴为垂直方向，Z轴为景深方向。这个坐标轴向在任意视图中都固定不变。选择该坐标系统后，可以使任何视图中都有相同的坐标轴显示。

父对象坐标系统：使用父对象坐标系统，可以使子对象与父对象之间保持依附关系，使子对象以父对象的轴向为基础发生改变。

局部坐标系统：使用选定对象的坐标系。对象的局部坐标系由其轴点支撑。使用"层次"命

图2-24　场景资源管理器　图2-25　视口布局

图2-26　标准视口布局　图2-27　坐标系统

令面板上的选项，可以以相对于对象的方式调整局部坐标系的位置和方向。

万向坐标系统：为每个对象使用单独的坐标系。

栅格坐标系统：以栅格对象的自身坐标轴为坐标系统，栅格对象主要用于辅助制作。

工作坐标系统：使用工作轴坐标系。当工作轴启用时，即使用工作坐标系统。

拾取坐标系统：拾取屏幕中的任意一个对象，以被拾取对象坐标系统为拾取对象的坐标系统。

2.5 ▶ 对象的选择

无论对场景中任何对象做何种操作和编辑，首先要做的就是选择该对象。为了方便用户，3ds Max 2020提供了多种选择对象的方式。

2.5.1 选择对象的基本方法

选择对象最基本的方法就是直接单击要选择的对象，当光标移动到对象上时光标会变成十字架形状，单击鼠标左键即可选择该对象。

如果要同时选择多个对象，可以按住Ctrl键，用鼠标左键连续单击或框选要选择的对象，如果想取消其中个别对象的选择，可以按住Alt键，单击或框选要取消选择的对象。

2.5.2 区域选择

3ds Max2020提供了多种区域选择方式，使操作更为灵活、简单。其中▦（矩形选择方式）是系统默认的选择方式，其他选择方式都是矩形选择方式的隐藏选项。

▦（矩形选择区域）：在视口中拖动，然后释放鼠标。单击的第一个位置是矩形的一个角，释放鼠标的位置是相对的角。

▦（圆形选择区域）：在视口中拖动，然后释放鼠标。单击的第一个位置是圆形的圆心，释放鼠标的位置定义了圆的半径。

▦（围栏选择区域）：拖动绘制多边形，创建多边形选择区。

▦（套索选择区域）：围绕应该选择的对象拖动鼠标以绘制图形，然后释放鼠标按钮。要取消该选择，请在释放鼠标前单击右键。

▦（绘制选择区域）：将鼠标拖至对象之上，然后释放鼠标按钮。在进行拖放时，鼠标周围将会出现一个以画刷大小为半径的圆圈。根据绘制创建选区。

以上几种选择方式都可以与▦（窗口/交叉）配合使用。▦（窗口/交叉）的两种方式为▦（交叉模式）和▦（窗口模式）。

在▦交叉模式中，可以选择区域内的所有对象或子对象，以及与区域边界相交的任何对象

或子对象。

2.5.3 按名称选择

在复杂建模时，场景中通常会有很多对象，用鼠标进行选择很容易造成误选，3ds Max 2020提供了一个可以通过名称选择对象的功能。该功能不仅可以通过对象的名称选择，还能通过颜色或材质选择具有该属性的所有对象。

通过名称选择对象的操作步骤如下。

① 单击工具栏中▤（按名称选择）按钮，弹出"从场景选择"对话框（图2-28）。

图2-28 "从场景选择"对话框

② 选择列表中的对象名称后单击确定按钮，或直接双击列表中的对象名称，该对象即被选择。

③ 在该对话框中按住Ctrl键选择多个对象，按住Shift键单击并选择连接范围。在对话框的右侧可以设置对象以什么形式进行排序，在对象列表中列出的类型包括几何体、图形、灯光、摄影机、辅助对象、空间扭曲、组/集合、外部参考和骨骼类型，这些均在工具栏中以按钮方式显示，单击工具栏中的按钮类型，列表中将隐藏该类型。

> **提示** ▦（选择对象）与▤（按名称选择）的功能是类似的，只是▦（选择对象）工具默认位于视口的左侧，▤（按名称选择）工具需要点击才能打开。

2.5.4 选择过滤器

"选择过滤器"用于设置场景中能够选择的

图2-29 "选择过滤器"列表框

对象类型,这样可以避免在复杂场景中选错对象。

在"选择过滤器"的下拉列表框中,包括几何体、图形、灯光、摄影机等对象类型(图2-29)。

全部:表示可以选择场景中的任何对象。

G-几何体:表示只能选择场景中的几何形体(标准几何体、扩展几何体)。

S-图形:表示只能选择场景中的图形。

L-灯光:表示只能选择场景中的灯光。

C-摄影机:表示只能选择场景中的摄影机。

H-辅助对象:表示只能选择场景中的辅助对象。

W-扭曲:表示只能选择场景中的空间扭曲对象。

组合:可以将两个或多个类别组合为一个过滤器类别。

骨骼:表示只能选择场景中的骨骼对象。

IK链对象:表示只能选择场景中的IK链接对象。

点:表示只能选择场景中的点。

CAT骨骼:表示只能选择场景中的CAT骨骼对象。

2.6 ▸ 对象的变换

对象的变换包括对象的移动、旋转和缩放,这3项操作几乎在每一次建模中都会用到,也是建模操作的基础。

2.6.1 移动对象

启用移动工具,有以下几种方法。

① 单击工具栏中的 ✛ (移动)工具按钮。

② 按W键。

③ 选择对象后单击鼠标右键,在弹出的菜单中选择"移动"命令。

使用移动命令的操作方法如下:选择对象并

启用移动工具,当光标移动到对象坐标轴上时(比如X轴),会变成"十字型",并且坐标轴(X轴)会变成亮黄色,即表示可以移动(图2-30)。此时按住鼠标左键不放并拖拽光标,对象就会跟随光标一起移动。

利用移动工具可以使对象沿两个轴向同时移动,观察对象的坐标轴,会发现每两个坐标轴之间都有共同区域,当鼠标光标移动到该区域时,该区域会变黄(图2-31)。按住鼠标左键不放并拖拽光标,对象就会跟随光标一起沿两个轴向移动。

2.6.2 旋转对象

启用旋转命令,有以下几种方法。

① 单击工具栏中的 ⟳ (旋转)工具。

② 按E键。

③ 选择对象后单击鼠标右键,在弹出的菜单中选择"旋转"命令。

使用旋转命令的操作方法如下:选择对象并启用旋转工具,当光标移动到对象的旋转轴上

图2-30 选择对象

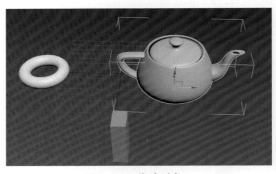

图2-31 移动对象

时，会变为"十字型"，旋转轴的颜色会变成黄色（图2-32）。按住鼠标左键不放并拖拽光标，对象会随光标的移动而旋转。旋转对象只能用于坐标轴方向的旋转。

旋转工具可以通过旋转来改变对象在视图中的方向，因此熟悉各旋转轴的方向很重要。

2.6.3 缩放对象

启用缩放命令，有以下几种方法。

① 单击工具栏中的![缩放]（缩放）工具。

② 选择对象后单击鼠标右键，在弹出的菜单中选择"缩放"命令。

对对象进行缩放，3ds Max 2020提供了3种方式，包括![均匀缩放]（均匀缩放）、![非均匀缩放]（非均匀缩放）、![挤压]（挤压）。在系统默认设置下工具栏中显示的是选择并均匀缩放，选择并非均匀缩放按钮和选择并挤压按钮是隐藏按钮。

![均匀缩放]（均匀缩放）：只改变对象的体积，不改变形状，因此坐标轴向对它不起作用。

![非均匀缩放]（非均匀缩放）：对对象在制定的轴向

图2-32 旋转对象

图2-33 缩放对象

上进行二维缩放（不等比例缩放），对象的体积和形状都发生变化。

![挤压]（挤压）：在制定的轴向上使对象发生缩放变形，对象体积保持不变，但形状会发生改变。

选择对象并启用缩放工具，当光标移动到缩放轴上时，光标会变成"十字型"，按住鼠标左键不放并拖拽光标，即可对对象进行缩放。缩放工具可以同时在2个轴或3个轴向上进行缩放，其方法和移动工具相似，如图2-33所示。

2.7 ▶ 对象的复制

有时在建模中要创建很多形状、性质相同的几何体，如果分别进行创建会浪费很多时间，这时就要使用复制命令来完成这项工作。

2.7.1 直接复制对象
（1）复制对象的方式

复制分为3种方式，即复制、实例、参考。这3种方式主要是根据复制后原对象与复制对象的相互关系来分类的。

复制：复制后原对象与复制对象之间没有任何关系，是完全独立的对象。相互间没有任何影响。

实例：复制后原对象与复制对象相互关联，对其中任何一个对象进行编辑都会影响到复制的其他对象。

参考：复制后原对象与复制对象有一种参考关系，对原对象进行修改器编辑时，复制对象会受到同样的影响，但对复制对象进行修改器编辑时不会影响原对象。

（2）复制对象的操作

直接复制对象操作最常用，运用移动工具、旋转工具、缩放工具都可以对对象进行复制。下面以移动工具为例对直接复制进行介绍，操作步骤如下。

① 将对象选中，按住Shift键，然后移动对象，完成移动后，释放鼠标左键，会弹出"克隆

选项"对话框（图2-34）。用户可选择复制的类型以及要复制的个数。

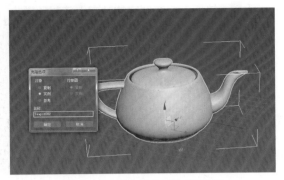

图2-34 "克隆选项"对话框

② 单击确定按钮完成复制。如果单击取消按钮则取消复制。运用旋转工具、缩放工具也能对对象进行复制，其复制方法与移动工具相似。

2.7.2 利用镜像复制对象

图2-35 "镜像：世界坐标"对话框

当建模中需要创建两个对称的对象时，如果使用直接复制，对象间的距离很难控制，而且要使两个对象相互对称时，使用直接复制是办不到的，使用"镜像"工具就能很简单地解决该问题。

选择对象后，单击"镜像"工具按钮，弹出"镜像：世界坐标"对话框（图2-35）。

"镜像轴"组

用于设置镜像的轴向，系统提供6种镜像轴向。

偏移：用于设置镜像对象和原始对象轴心点之间的距离。

"克隆当前选择"组

用于确定镜像对象的复制类型。

不克隆：表示仅把原始对象镜像到新位置而不复制对象。

复制：把选定对象镜像复制到指定位置。

实例：把选定对象关联镜像复制到指定位置。
参考：把选定对象参考镜像复制到指定位置。

> **提示** 使用"镜像"工具进行复制操作，首先应该熟悉轴向的设置，选择对象后单击"镜像"工具，可以依次选择镜像轴，视图中的复制对象是随镜像对话框中镜像轴的改变实时显示的，选择合适轴向后单击"确定"按钮完成镜像，单击"取消"按钮则取消镜像。

2.7.3 利用间距复制对象

利用间距复制对象是一种快速而且比较随意的对象复制方法，它可以指定一条路径，使复制对象排列在指定的路径上，操作步骤如下。

① 在视图中创建一个茶壶和样条线（图2-36）。

图2-36 创建茶壶和样条线

② 选择"工具>对齐>间隔工具"命令，弹出"间隔工具"对话框。

③ 选中茶壶，在"间隔工具"对话框中单击"拾取路径"按钮，然后在视图中单击样条线，在"计数"数值框中设置复制的数量（图2-37）。

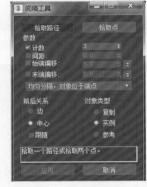

图2-37 间隔工具对话框

④ 单击"应用"按钮，复制完成（图2-38右）。

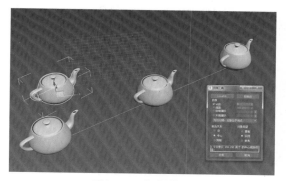

图2-38　复制茶壶

2.8 ▶ 对象的捕捉

在建模过程中为了精确定位，使建模更精准，经常会用到捕捉控制器。捕捉控制器由3个捕捉工具和1个微调器组成，即🔒³（位置捕捉）、🔒²（角度捕捉）、%²（百分比捕捉）和⬆²（微调器捕捉切换）。

2.8.1 位置捕捉工具

位置捕捉工具有3种，系统默认设置为🔒³（3D捕捉），在3D捕捉按钮中还隐藏着另外两种捕捉方式，即🔒²（2D捕捉）和🔒²⁵（2.5D捕捉）。

🔒³（3D捕捉）：启用该工具，创建二维图形或者创建三维对象的时候，鼠标光标可以在三维空间的任何地方进行捕捉。

🔒²（2D捕捉）：只捕捉激活视图构建平面上的元素，忽略Z轴向，通常用于平面图形的捕捉。

🔒²⁵（2.5D捕捉）：二维捕捉和三维捕捉的结合。2.5D捕捉能捕捉三维空间中的二维图形和激活视图构建平面上的投影点。

2.8.2 角度捕捉工具

角度捕捉用于捕捉进行旋转操作时的角度间隔，使对象或者视图按固定的增量进行旋转，系统默认为5度。角度捕捉配合旋转工具能准确定位对象。

2.8.3 百分比捕捉工具

百分比捕捉用于捕捉缩放或挤压操作时的百分比间隔，使比例缩放按固定的增量进行缩放，用于准确控制缩放的大小，系统默认值为10%。

2.9 ▶ 对象的对齐

对齐工具用于使当前选定的对象按指定的坐标方向和方式与目标对象对齐，具有实时调节、实时显示效果的功能，共有6种对齐方式，即🎬（一般对齐）、⚡（快速对齐）、🎯（法线对齐）、🔆（放置高光）、🎥（对齐摄影机）、⬛（对齐到视图），其中🎬（一般对齐）最常用。

2.10 ▶ 对象的轴心控制

轴心是对象发生变换时的中心，只影响对象的旋转和缩放。对象的轴心控制包括3种方式：📤（使用轴心点）、📦（使用选择中心）和📥（使用变换坐标中心）。

2.10.1 使用轴心点控制

把被选择对象自身的轴心点作为其旋转、缩放操作的中心。如果选择了多个对象，则以每个对象各自的轴心点进行变换操作。图2-39所示为3个茶壶按照自身的坐标中心旋转。

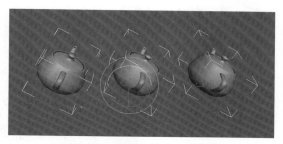

图2-39　按自身坐标中心旋转

2.10.2 使用选择中心控制

把被选择对象的公共轴心点作为其旋转和缩放的中心。图2-40所示为3个茶壶围绕一个共同的轴心点旋转。

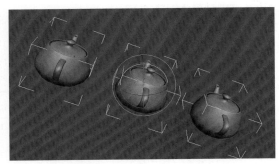
图2-40　共同轴心点旋转

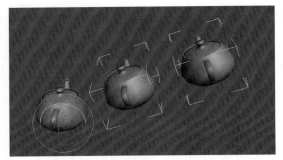
图2-41　拾取的坐标中心为旋转中心

2.10.3　使用变换坐标中心控制

把被选择的对象所使用当前坐标系的中心点作为其旋转和缩放的中心。例如，可以通过拾取坐标系统进行拾取，把被拾取对象的坐标中心作为被选择对象的旋转和缩放中心。

下面仍以3个茶壶为例来进行介绍，操作步骤如下。

① 框选右侧的两个茶壶，然后选择坐标系统下拉列表中的"拾取"选项。

② 单击另一个茶壶，将两个茶壶的坐标中心拾取在一个茶壶上。

③ 对这两个茶壶进行旋转，会发现这两个茶壶的旋转中心是被拾取茶壶的坐标中心（图2-41）。

2.11 ▶ 对象的撤销和重做命令

在建模中，操作步骤会非常多，如果当前某一步操作出现错误，重新进行操作是不现实的，3ds Max 2020中提供了撤销和重复命令，可以使操作回到之前的某一步，这在建模过程中是非常有用的。这两个命令在工具栏中都有相应的快捷按钮。

↶（撤销场景操作）：用于撤销最近一次操作命令，可以连续使用，快捷键为Ctrl+Z。在 ↶（撤销场景操作）按钮上单击鼠标右键，会显示当前所执行的一些步骤，可以从中选择要撤销的步骤。

↷（重做场景操作）：用于恢复撤销命令，可以连续使用，快捷键为Ctrl+Y。重做也有重做步骤的列表，使用方法与撤销命令相同。

课后习题

1. 3ds Max 2020的界面主要包括哪几部分？各部分的作用分别是什么？

2. 对象的基本变换包括哪几部分？

3. 3ds Max 2020中包含几种坐标系统？请简述它们的应用特点。

4. 打开本书配套文件包>第2章>静物布置的初始效果文件，运用 ✥（移动）、 ↻（旋转）、 ▦（缩放）等对象变换工具以及对象的复制等知识，利用所提供的物体（图2-42）组成一幅场景画面，调整后达到如图2-43所示的效果。

图2-42　初始效果文件　　　　图2-43　调整后的效果

第**3**章
基本物体建模

本章内容 学习3ds Max内置的基础模型是制作模型和场景的基础。我们平时见到的规模宏大的电影场景、绚丽的动画，都是由一些简单的几何体修改后得到的，只需要通过基本模型的节点、线、面的标记修改就能制作出想要的模型。认真学习这些基础模型是以后学习复杂建模的前提和基础。

学习目标 理解基本物体的创建方式；理解基本样条线的创建方式；熟悉基本物体的编辑修改；掌握基础建模的方式和流程。

3.1 ▶ 基本物体的创建

本节将详细讲述标准三维几何体的制作方法，以及命令面板中各常用参数的意义。由于各物体同名称参数的意义大同小异，在讲述过程中将会尽量避免重复，而突出每个模型物体不同于其他种类的特点。

3.1.1 标准基本体的创建

标准基本体是指简单的三维几何体和日常生活中常见的物体，它们是制作复杂场景的基础。下面主要介绍各标准基本体的创建方法以及参数的设置和修改。

（1）长方体

长方体是基础的标准几何对象，用于制作正六面体或长方体。

图3-1 创建长方体面板

① 创建长方体

创建长方体有两种方式：一种是立方体创建方式，另一种是长方体创建方式（图3-1）。

立方体创建方式：以立方体方式创建，操作简单，但只限于创建立方体。

长方体创建方式：以长方体方式创建，是系统默认的创建方式，用法比较灵活。操作如下。

a. 单击" （创建）> （几何体）> 长方体"按钮。

b. 移动光标到适当的位置，按住鼠标左键不放并拖拽光标，视图中生成一个长方形平面（图3-2）。释放鼠标左键并上下移动光标，长方体的高度会跟随光标的移动而增减，在合适的位置单击鼠标左键，长方体创建完成（图3-3）。

② 长方体的参数

创建完成长方体后，在场景中选择长方体，单击 （修改）按钮，在修改命令面板中会显

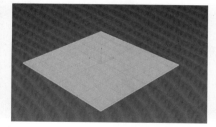

图3-2 创建长方体平面

图3-3 完成创建长方体

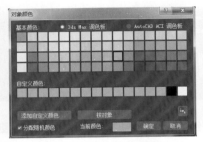

图3-4 参数面板　图3-5 "对象颜色"对话框　　图3-6 键盘创建方式　　图3-7 参数卷展栏

示长方体的参数（图3-4）。

　　名称和颜色：用于显示长方体的名称和颜色。在3ds Max中创建的所有几何体都有此项参数，用于给对象指定名称和颜色，便于以后选择和修改。单击右边的颜色框，弹出"对象颜色"对话框（图3-5）。此窗口用于设置几何体的颜色，单击颜色块选择合适的颜色后，单击"确定"按钮完成设置，单击"取消"按钮则取消颜色设置。单击"添加自定义颜色"按钮，可以自定义颜色。

　　键盘输入：如图3-6所示，对于简单的基本建模使用键盘创建方式比较方便，直接在面板中输入几何体的创建参数，然后单击"创建"按钮，视图中会自动生成该几何体。如果创建较为复杂的模型，建议使用手动方式建模，即创建模型后，在修改面板对其参数进行修改，调整成需要的状态。

　　参数：用于调整对象的体积、形状以及分段等（图3-7）。在参数的数值框中可以直接输入数值进行设置，也可以利用数值框旁边的微调器进行调整。

　　长度/宽度/高度：确定长、宽、高三边的长度。

　　长度/宽度/高度分段：控制长、宽、高三边上的段数，段数越多表面就越细腻。

　　生成贴图坐标：勾选此选项，系统自动指定贴图坐标。

　　③ 参数的修改

　　长方体的参数比较简单，修改的参数也比较少，在设置好修改参数后，按Enter键确认，即

可得到修改后的效果（图3-8、图3-9）。

　　几何体的段数是控制几何体表面光滑度的参数，段数越多，表面就越光滑。但要注意的是，并不是段数越多越好，应该在不影响几何体形体的前提下将段数降到最低。在进行复杂建模时，如果对象不必要的段数过多，会影响建模和后期渲染的速度。

（2）圆锥体

　　圆锥体用于制作圆锥、圆台、四棱锥以及它们的局部。

　　① 创建圆锥体

　　创建圆锥体同样有两种方式：一种是边创建方式，另一种是中心创建方式（图3-10）。

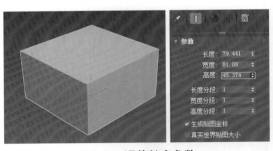

图3-8 调整长度参数

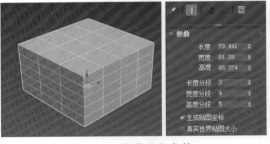

图3-9 调整分段参数

边创建方式：以边界为起点创建圆锥体，在视图中单击鼠标左键形成的点即为圆锥体底面的边界起点，随着光标的拖拽始终以该点作为锥体的边界。

中心创建方式：以中心为起点创建圆锥体，系统将采用在视图中第一次单击鼠标左键形成的点作为圆锥体底面的中心点，是系统默认的创建方式。

创建圆锥体的方法比长方体多一个步骤，操作步骤如下。

a. 单击"➕（创建）>⭕（几何体）>圆锥体"按钮。

b. 移动光标到适当的位置，按住鼠标左键不放并拖拽光标，视图中生成一个圆形平面（图3-11）。释放鼠标左键并上下移动光标，锥体的高度会跟随光标的移动而增减（图3-12）。

c. 在适合的位置单击鼠标左键，再次移动光标，调节顶端面的大小，单击鼠标左键完成创建（图3-13）。

② 圆锥体的参数

单击圆锥体将其选中，然后单击🔧（修改）按钮，参数命令面板中会显示圆锥体的参数（图3-14）。

半径1：设置圆锥体底面的半径。

半径2：设置圆锥体上下两个面的半径。

高度：设置圆锥体的高度。

高度分段：设置圆锥体在高度上的段数。

端面分段：设置圆锥体在两端平面上沿半径方向上的段数。

边数：设置圆锥体端面圆周上的片段划分数。值越高，圆锥体越光滑。

平滑：表示是否进行表面光滑处理。开启时，产生圆锥、圆台，关闭时，产生棱锥、棱台。

启用切片：表示是否进行局部切片处理。

切片起始位置：确定切除部分的起始幅度。

切片结束位置：确定切除部分的结束幅度。

（3）球体

球体用于制作面状或光滑的球体，也可以制作局部球体。

① 创建球体

创建球体的方式也有两种，与锥体相同，这里不再赘述。

球体的创建方法非常简单，操作步骤如下。

a. 单击"➕（创建）>⭕（几何体）>球体"按钮。

b. 移动光标到适当的位置，按住鼠标左键不放并拖拽光标，在视图中生成一个球体，移动光标可以调整球体的大小，在适当位置释放鼠标左键，球体创建完成（图3-15）。

② 球体的参数

单击球体将其选中，然后单击🔧（修改）按钮。修改命令面

图3-10　创建方法选择

图3-11　生成圆形平面

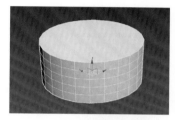

图3-12　调成锥体高度

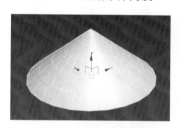

图3-13　完成创建

图3-14　圆锥体参数卷展栏

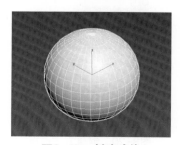

图3-15　创建球体

图3-16 球体参数卷展栏

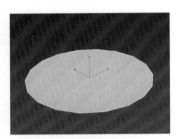

图3-17 创建圆形平面

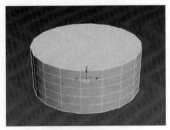

图3-18 调成圆柱体高度

图3-19 圆柱体参数卷展栏

图3-20 创建方法选择

板中会显示球体的参数（图3-16）。

半径：设置球体的半径大小。

分段：设置表面的段数，值越高，表面越光滑，造型也越复杂。

平滑：是否对球体表面自动光滑处理（系统默认是开启的）。

半球：用于创建半球或球体的一部分。值由0到1可调。默认为0.0，表示建立完整的球体。增加数值，球体被逐渐减去。值为0.5时，制作出半球，值为1.0时，球体全部消失。

切除/挤压：用于确定球体被切除后，原来的网格划分也随之切除或者保留。

（4）圆柱体

圆柱体用于制作棱柱体、圆柱体、局部圆柱体。

① 创建圆柱体

圆柱体的创建方法与长方体基本相同，操作步骤如下。

a. 单击"＋（创建）>◯（几何体）>圆柱体"按钮。

b. 将鼠标光标移动到视图中，按住鼠标左键不放并拖拽光标，视图中出现一个圆形平面（图3-17），在适当的位置释放鼠标左键并上下移动，圆柱体高度会随光标的移动而增减，在适当的位置单击鼠标左键，圆柱体创建完成（图3-18）。

② 圆柱体的参数

单击圆柱体将其选中，然后单击 🔲（修改）按钮，在修改命令面板中会显示圆柱体的参数（图3-19）。

半径：设置底面和顶面的半径。

高度：确定圆柱体的高度。

高度分段：确定圆柱体在高度上的段数。弯曲圆柱体时，高度段数可以产生光滑的弯曲效果。

端面分段：确定在圆柱体两个端面上沿半径方向的段数。

边数：确定圆周上的边数，边数越多越光滑。其最小值为3，此时圆柱体的截面为三角形。

其他参数请参见前面章节的参数说明。

（5）几何球体

几何球体用于建立以三角面相拼接而成的球体或半球体。

① 创建几何球体

创建几何球体两种方式：一种是直径创建方式，另一种是中心创建方式（图3-20）。

直径创建方式：以直径方式拉出几何球体。在视图中以第1次单击鼠标左键形成的点为起点，把光标的拖拽方向作为所创建几何球体的直径方向。

中心创建方式：以中心方式拉出几何球体。在视图中以第1次单击鼠标左键形成的点作为要创建的几何球体的圆心，以拖拽鼠标的位移大小作为所要创建球体的半径，是系统默认的创建方式。

几何球体的创建方法与球体相同，操作步骤如下。

a. 单击"➕（创建）>⚪（几何体）>几何球体"按钮。

b. 将鼠标光标移到视图中，按住鼠标左键不放并拖拽光标，视图中生成一个几何球体，移动光标可以调整几何球体的大小，在适当位置释放鼠标左键，几何球体创建完成（图3-21）。

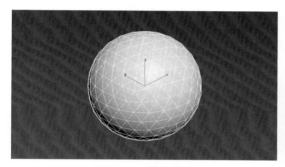

图3-21　几何球体

② 几何球体的参数

单击几何球体将其选中，然后单击🔲（修改）按钮，修改命令面板中会显示几何球体的参数（图3-22）。

半径：确定几何球体直径的大小。

图3-22　几何球体参数卷展栏

分段：设置球体表面的复杂度，值越大，三角面越多，球体也越光滑。

"基点面类型"组

确定是由哪种规则的异面体组合成球体。

四面体：由四面体构成几何球体。三角形的面可以分成相等的4个部分。

八面体：由八面体构成几何球体。三角形的面可以分成相等的8个部分。

二十面体：由二十面体构成几何球体。三角形的面可以分成相等的任意多个部分。

（6）圆环

圆环用来制作立体的圆环圈，截面为正多边形，通过对正多边形的边数、光滑度、旋转等控制来产生不同的圆环效果，切片参数可以制作局部的一段圆环。

① 创建圆环

创建圆环的步骤如下。

a. 单击"➕（创建）>⚪（几何体）>圆环"按钮。

b. 将鼠标光标移动到视图中，按住鼠标左键不放并拖拽光标，在视图中生成一个圆环（图3-23）。在适当的位置释放鼠标左键并上下移动光标，调整圆环的粗细，单击鼠标左键，圆环创建完成。

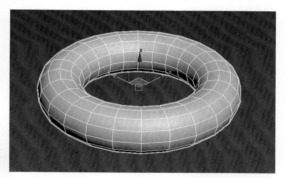

图3-23　圆环

② 圆环的参数

单击圆环将其选中，然后单击🔲（修改）按钮，在修改命令面板中会显示圆环的参数（图3-24）。

半径1：设置圆环中心与截面正多边形的距离。

半径2：设置截面正多边形的内径。

图3-24　圆环参数卷展栏

旋转：设置片段截面沿圆环轴旋转的角度。

扭曲：设置每个截面扭曲的角度，产生扭曲的表面。

分段：确定沿圆周方向上片段被划分的数目。值越大，圆环就越光滑（最小值为3）。

边数：确定圆环的侧边数。

"平滑"组

用于设置光滑属性。

全部：对所有面进行光滑处理。

侧面：对侧边进行光滑处理。

无：不进行光滑处理。

分段：光滑每一个独立的面。

（7）管状体

管状体用于建立各种空心管状体对象，包括管状体、棱管以及局部管状体。

① 创建管状体

a. 单击" （创建）> ⬤（几何体）>管状体"按钮。

b. 将鼠标光标移动到视图中，按住鼠标左键不放并拖拽光标，在视图中生成一个圆，在适当的位置释放鼠标左键并上下移动光标，会生成一个圆环面片，单击鼠标左键然后上下移动光标，管状体的高度会随之增减，在合适的位置单击鼠标左键，管状体创建完成（图3-25）。

② 管状体的参数

单击管状体将其选中，然后单击 🗗（修改）按钮，在修改命令面板中会显示管状体的参数（图3-26）。

半径1：确定管状体的内径大小。

半径2：确定管状体的外径大小。

高度：确定管状体的高度。

高度分段：确定管状体的高度方向的段数。

端面分段：确定管状体上下底面的段数。

边数：设置管状体侧边数的多少。值越大，管状体越光滑。

（8）四棱锥

四棱锥用于建立锥体模型，是锥体的一种特殊形式。

① 创建四棱锥

四棱锥的创建方式有两种：一种是基点/顶点创建方式，另一种是中心创建方式。

基点/顶点创建方式：系统把第一次单击鼠标形成的点作为四棱锥底面的初始点，是系统默认的创建方式。

中心创建方式：系统把第一次单击鼠标形成的点作为四棱锥底面的中心点。

a. 单击" ➕（创建）> ⬤（几何体）>四棱锥"按钮。

b. 将鼠标光标移动到视图中，按住鼠标左键不放并拖拽光标，在视图中生成一个正方形平面，在适当的位置释放鼠标左键并上下移动光标，调整四棱锥的高度，然后单击鼠标左键，四棱锥创建完成（图3-27）。

② 四棱锥的参数

单击四棱锥将其选中，然后单击 🗗（修改）按钮，在修改命令面板中会显示四棱锥的参数（图3-28）。四棱锥的参数比较简单，与前面章节讲到的参数大部分都相似。

宽度、深度：确定沿底面矩形的长和宽。

高度：确定锥体的高。

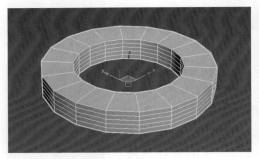

图3-25　管状体

图3-26　管状体参数卷展栏

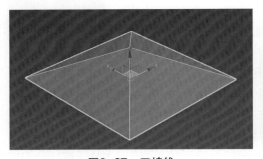

图3-27　四棱锥

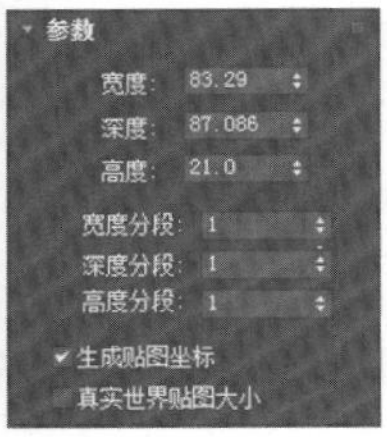

图3-28　四棱锥参数卷展栏

宽度分段：确定沿底面宽度方向的分段数。

深度分段：确定沿底面深度方向的分段数。

高度分段：确定沿四棱锥高度方向的分段数。

（9）茶壶

茶壶用于建立标准的茶壶造型或茶壶的一部分。

① 创建茶壶

茶壶的创建方法与球体相似，操作步骤如下。

a. 单击"➕（创建）> ⭕（几何体）>茶壶"按钮。

b. 将鼠标光标移动到视图中，按住鼠标左键不放并拖拽光标，在视图中生成一个茶壶，上下移动光标调整茶壶的大小，在适当的位置释放鼠标左键，茶壶创建完成（图3-29）。

② 茶壶的参数

单击茶壶将其选中，然后单击 📐（修改）按钮，在修改命令面板中显示茶壶的参数（图3-30）。茶壶的参数比较简单，利用参数的调整，可以把茶壶拆分成不同的部分。

半径：确定茶壶的大小。

分段：确定茶壶表面的划分精度，值越大，表面越细腻。

平滑：是否自动进行表面光滑处理。

茶壶部件：设置各部分的取舍，分为壶体、壶把、壶嘴、壶盖4部分。

（10）平面

平面用于在场景中直接创建平面对象，可以用于建立地面、场地等，使用起来非常方便。

① 创建平面

创建平面有两种方式：一种是矩形创建方式，另一种是正方形创建方式。

矩形创建方式：分别确定两条边的长度，创建矩形平面。

正方形创建方式：只需给出一条边的长度，创建正方形平面。

创建平面的方法和球体相似，操作步骤如下。

a. 单击"➕（创建）> ⭕（几何体）>平面"按钮。

b. 将鼠标光标移动到视图中，按住鼠标左键不放并拖拽光标，在视图中生成一个平面，调整适当的大小释放鼠标左键，平面创建完成（图3-31）。

② 平面的参数

单击平面将其选中，然后单击 📐（修改）按钮，在修改命令面板中会显示平面的参数（图3-32）。

长度、宽度：确定平面的长度、宽度，以决定平面的大小。

长度分段：确定沿平面长度方向的分段数，系统默认值为4。

宽度分段：确定沿平面宽度方向的分段数，

图3-29　茶壶

图3-30　茶壶参数卷展栏

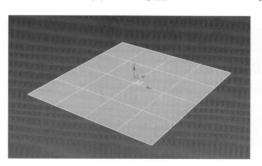

图3-31　平面

图3-32　平面参数卷展栏

系统默认值为4。

"渲染倍增"组

只在渲染时起作用，可进行以下两项设置。

缩放：渲染时，平面的长和宽均以该尺寸比例扩大。

密度：渲染时，平面的长和宽的分段数均以该密度比例扩大。

总面数：显示平面对象全部的面片数。

（11）加强型文本

加强型文本可以在视窗中直接创建文本图形的样条线，并且支持中英文混排以及当前操作系统所提供的各种标准字体。

① 创建文本

创建文本的操作步骤如下。

a. 单击"➕（创建）>⚪（几何体）>文本"按钮，在"参数"面板中设置创建参数，在"文本"输入区输入要创建的文本内容。

b. 将光标移到视图中并单击鼠标左键，完成文本创建（图3-33）。

图3-33　创建文本

② 文本的参数

单击文本将其选中，单击 ⟨修改⟩ 按钮，切换到修改命令面板，在修改命令面板中会显示文本的参数（图3-34）。

"插值"卷展栏

步数：设置用于分割曲线的顶点数。步数越多，曲线越平滑。范围从0到100。

优化：从直线段移除不必要的步数。默认设置为启用。

自适应：自动设置步数，以生成为平滑曲线。默认设置为禁用。

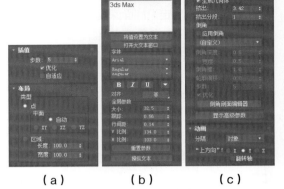

（a）　　　　（b）　　　　（c）

图3-34　平面参数卷展栏

"布局"卷展栏

"类型"组

点：使用点确定布局。

平面：使用"自动""XY平面""XZ平面"或"YZ平面"确定布局。

区域：使用"长度"和"宽度"测量值确定布局。

"参数"卷展栏

"文本"框：可以输入多行文本。按Enter键开始新的一行。

将值设置为文本 ：切换"将值设置为文本"窗口，以将文本链接到要显示的值。

打开大文本窗口 ：切换大文本窗口，以便更好地查看大量文本。

"字体"组

字体列表：从可用字体列表中进行选择。

"字体类型"列表：可选择"常规""斜体""粗体""粗斜体"字体类型。

对齐：设置文本对齐方式。

"全局参数"组

大小：设置文本高度，其中测量方法由活动字体定义。

追踪：设置字母间距。

行间距：设置行间距。需要有多行文本。

V比例：设置垂直缩放。

H比例：设置水平缩放。

重置参数 ：将选定参数重置为其默

认值。

操纵文本 ：可以调整文本大小、字体、追踪、字间距和基线。

"几何体"卷展栏

生成几何体：将2D的几何效果切换为3D的几何效果。

挤出：设置挤出深度。

挤出分段：指定在挤出文本中创建的分段数。

"倒角"组

应用倒角：切换对文本执行倒角。

预设列表：从下拉列表中选择一个预设倒角类型，或选择"自定义"以使用通过倒角剖面编辑器创建的倒角。预设包括"凹面""凸面""凹雕""半圆""边缘""线性""S形区域""三步""两步"。

倒角深度：设置倒角区域的深度。

宽度：该复选框用于切换功能以修改宽度参数。

倒角推：设置倒角曲线的强度。

轮廓偏移：设置轮廓的偏移距离。

步数：设置用于分割曲线的顶点数。步数越多，曲线越平滑。

优化：从倒角的直线段移除不必要的步数。默认设置为启用。

倒角剖面编辑器 ：可以创建自定义剖面。

显示高级参数 ：单击可以切换高级参数（图3-35）。

图3-35 显示高级参数卷展栏

"封口"组

开始：设置文本正面的封口。选项包括"封口""无封口""倒角封口""倒角无封口"。默认设置为"倒角封口"。

结束：设置文本背面的封口。选项与上面"开始"选项一致。

约束：对选定面使用选择约束。

"封口类型"组

变形：使用三角形创建封口面。

栅格：在栅格图案中创建封口面。封口类型的变形和渲染要比变形封口效果好。

细分：使用细分图案创建将变形的封口面。

"材质ID"组

使用此组可将单独选定的材质应用于"始端封口""始端倒角""边""末端倒角""末端封口"。

"动画"卷展栏

分隔：设置为文本的哪部分设置动画。选项包括"对象""字符""字词""线形""段落"等。

上方向轴：将文本元素的向上方向设置为X、Y或Z轴。

翻转轴：反转文本元素的方向。

3.1.2 案例：衣柜的制作

案例学习目标：学习使用标准基本体搭建模型。

案例知识要点：创建长方体，并对长方体进行复制，通过移动、旋转和缩放功能，完成衣柜模型的制作。

效果所在位置：本书配套文件包>第3章>案例：衣柜的制作。

a. 在透视图中，创建一个长方体，修改长方体参数（图3-36）。

b. 再次在透视图中创建长方体，修改参数并摆放到合适的位置（图3-37）。选择长方体，按住Shift键，沿X轴拖动长方体，在弹出的"克隆选项"框的副本数里输入"4"，复制四个长方体。

图3-36　创建长方体

图3-37　复制长方体并修改参数

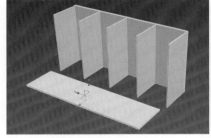

图3-38　再次创建长方体并修改参数

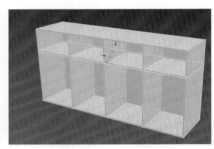

图3-39　复制长方体并摆放

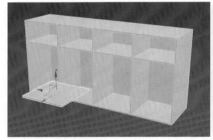

图3-40　创建长方体并修改参数

图3-41 复制并摆放

c. 将复制的长方体依次摆放到合适的位置。在透视图中再次创建长方体，并修改参数（图3-38）。

d. 按照上面的方法复制两个此长方体，并摆放到适当位置（图3-39）。

e. 创建一个长方体，并修改参数（图3-40）。

f. 复制此长方体，并摆放到合适位置（图3-41）。

g. 运用上面的方法，可以继续复制以增加细节，最终模型效果如图3-42所示。

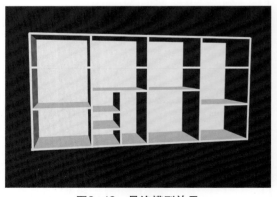

图3-42　最终模型效果

3.1.3 扩展基本体的创建

扩展基本体要比标准基本体复杂一些。这些几何体通过其他建模工具也可以创建，不过要花费一定的时间，有了现成的工具，就能够节省大量制作时间。

（1）异面体

异面体主要用于创建各种具备奇特表面的几何体，其模型效果和参数面板如图3-43、图3-44所示。

（2）环形节

环形节是扩展几何体中比较复杂的一个几何体，通过调节它的参数，可以制作出种类繁多的特殊造型。其模型效果和参数面板如图3-45、图3-46所示。

（3）切角长方体和切角圆柱体

切角长方体和切角圆柱体用于直接产生带切角的立方体和圆柱体，两者都具有圆角的特征。切角长方体的模型效果和参数卷展栏如图3-47、图3-48所示。切角圆柱体的模型效果和参数卷展栏如图3-49、图3-50所示。

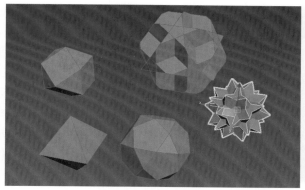

图3-43　异面体　　　　　　　　　图3-44　异面体参数卷展栏

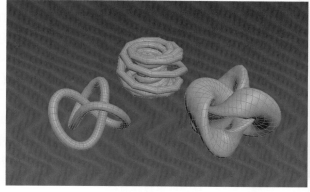

图3-45　环形节　　　　　　　　　图3-46　环形节参数卷展栏

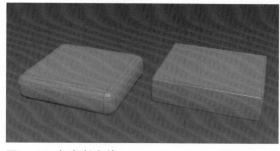

图3-47　切角长方体　　　　　　　图3-48　切角长方体参数卷展栏

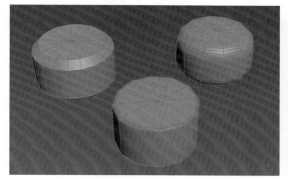

图3-49　切角圆柱体　　　　　　　图3-50　切角圆柱体参数卷展栏

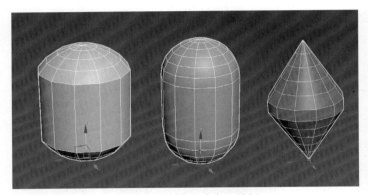

图3-51　油罐、胶囊、纺锤

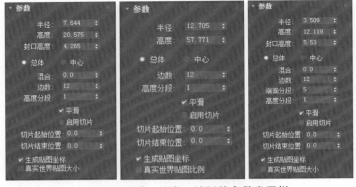

图3-52　油罐、胶囊、纺锤的参数卷展栏

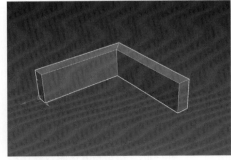

图3-53　L-Ext　　　　图3-54　L-Ext参数卷展栏

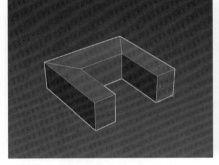

图3-55　C-Ext　　　　图3-56　C-Ext参数卷展栏

（4）油罐、胶囊和纺锤

油罐、胶囊和纺锤这3个几何体都具有圆滑的特征，创建方法和参数都有相似之处。油罐、胶囊和纺锤的模型效果和参数卷展栏如图3-51、图3-52所示。

（5）L-Ext和C-Ext

L-Ext和C-Ext主要用于建筑快速建模，结构比较相似。L-Ext的模型效果和参数卷展栏如图3-53、图3-54所示。C-Ext的模型效果和参数卷展栏如图3-55、图3-56所示。

（6）软管

软管是一个柔性几何体，其两端可以连接到两个不同的对象上，并反映出这些对象的移动。软管的模型效果和参数卷展栏如图3-57、图3-58所示。

（7）球棱柱

球棱柱用于制作带有倒角的柱体，能直接在柱体的边缘产生光滑的倒角，可以说是圆柱体的一种特殊形式。球棱柱的模型效果和参数卷展栏如图3-59、图3-60所示。

（8）棱柱

棱柱用于制作等腰和不等边三棱柱体。三棱柱的模型效果和参数卷展栏如图3-61、图3-62所示。

（9）环形波

环形波是一种类似于平面造型的几何体，可以创建出与环形节的某些三维效果相似的平面造型，多用于动画的制作。环形波的模型效果和参数卷展栏如图3-63、图3-64所示。

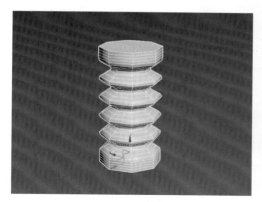

图3-57 软管

图3-58 软管参数卷展栏

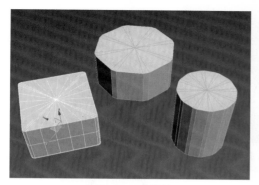

图3-59 球棱柱

图3-60 球棱柱参数卷展栏

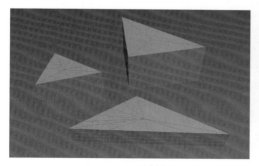

图3-61 棱柱

图3-62 棱柱参数卷展栏

图3-63 环形波

图3-64 环形波参数卷展栏

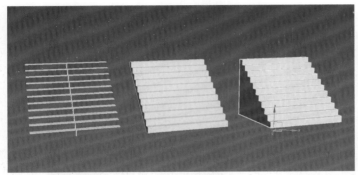

（a）开放式　　　　　（b）封闭式　　　　　（c）落地式

图3-65　直线楼梯

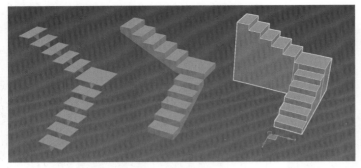

（a）开放式　　　　　（b）封闭式　　　　　（c）落地式

图3-66　L形楼梯

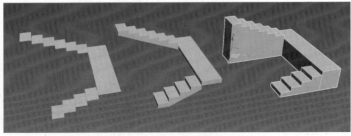

（a）开放式　　　　　（b）封闭式　　　　　（c）落地式

图3-67　U形楼梯

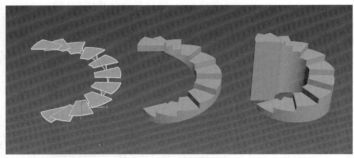

（a）开放式　　　　　（b）封闭式　　　　　（c）落地式

图3-68　螺旋形楼梯

3.1.4　建筑模型的创建

在一些简单场景中，包括一些楼梯、窗户、门等建筑物体，使用3ds Max提供的几种常用的快速建筑模型可以提高效率。

（1）楼梯

3ds Max 2020提供四种楼梯形式选择，分别是直线楼梯、L形楼梯、U形楼梯和螺旋楼梯等，每一种楼梯又可以分别设置成开放式、封闭式、落地式等三种形式。

a. 直线楼梯：用于创建直线形楼梯物体（图3-65）。

b. L形楼梯：用于创建L形楼梯物体（图3-66）。

c. U形楼梯：用于创建U形楼梯物体（图3-67）。

d. 螺旋形楼梯：用于创建螺旋形楼梯物体（图3-68）。

案例：螺旋楼梯的制作

案例学习目标：学习使用建筑模型创建楼梯模型。

案例知识要点：使用螺旋楼梯工具并设置参数创建楼梯。

效果所在位置：本书配套文件包>第3章>螺旋楼梯的制作。

a. 单击"➕（创建）>⭕（几何体）>楼梯>螺旋楼梯"按钮，在场景中拖动鼠标创建螺旋楼梯（图3-69）。

b. 在"参数"卷展栏中选择"类型"为"开放式"，在"生成几何体"卷展栏中勾选"侧弦""支撑梁""中柱"，选择"扶手"的"内表面"和"外表面";在"布局"组中设置"半径"为55、"旋转"为1、"宽度"为35，在"楼梯"组中设置"高度"为160、"竖板数"为13，在"台阶"组中设置"厚度"为3（图3-70）。

c. 在"支撑梁"卷展栏中设置"深度"为5、"宽度"为3。在"栏杆"卷展栏中设置"高度"为25、"偏移"为0、"分段"为12、"半径"为2（图3-71）。

d. 在"侧弦"卷展栏中设置"深度"为6、"宽度"为2、"偏移"为1。在"中柱"卷展栏中设置"半径"为5、"分段"为16、"高度"为200（图3-72）。

e. 点击键盘上的Shift+Q，进行快速渲染，得到如图3-73所示的效果。

（2）门

3ds Max 2020提供直接创建门物体的工具，可以快速产生各种型号的门模型，这里提供了3种样式的门，如图3-74所示。

枢轴门：枢轴门可以是单扇枢轴门，也可以是双扇枢轴门，可以向内开，也可以向外开。

推拉门：推拉门可以将门进行滑动，就像在轨道上一样。该门有两个门元素：一个保持固定，另一个可以移动。

折叠门：折叠门在中间转枢也在侧面转枢，可以做成两个门元素的门，也可以做成4个

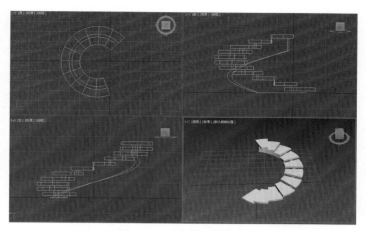

图3-69　创建螺旋楼梯

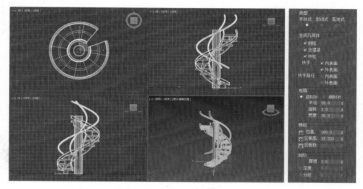

图3-70　设置参数（1）

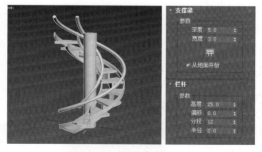

图3-71　设置参数（2）

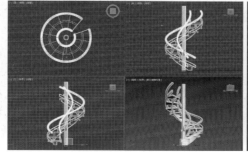

图3-72　设置参数（3）

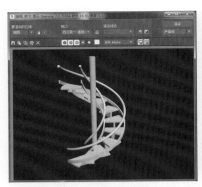

图3-73　最终模型效果

枢轴门　　　推拉门　　　折叠门

图3-74　3种门的样式

门元素的双门。

（3）窗户

窗户是非常有用的建筑模型，这里提供6种样式，如图3-75所示。

遮篷式窗：遮篷式窗具有一个或多个可在顶部转轴的窗框。

平开窗：平开窗有一个或两个可在侧面转枢轴的窗框。

固定窗：固定窗不能打开。

旋开窗：旋开窗只具有一个窗框，中间通过窗框面用铰链接起来，可以垂直或水平旋转打开。

伸出式窗：顶部窗框不能移动，底部的两个窗框像遮篷式窗口那样旋转打开，但方向相反。

推拉窗：推拉窗分为上下、左右推拉两种，采用装有滑轮的窗扇在窗框的轨道上滑行。

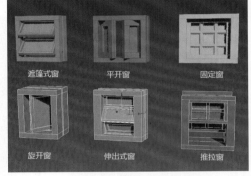

遮篷式窗　　平开窗　　固定窗

旋开窗　　伸出式窗　　推拉窗

图3-75　6种窗户的样式

（4）墙

墙对象由3个子对象类型构成，这些对象类型可以在 ![修改] （修改）面板中进行修改，可以编辑墙对象、分段以及剖面。墙体模型及其参数卷展栏如图3-76、图3-77所示。

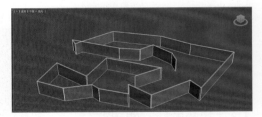

图3-76　墙

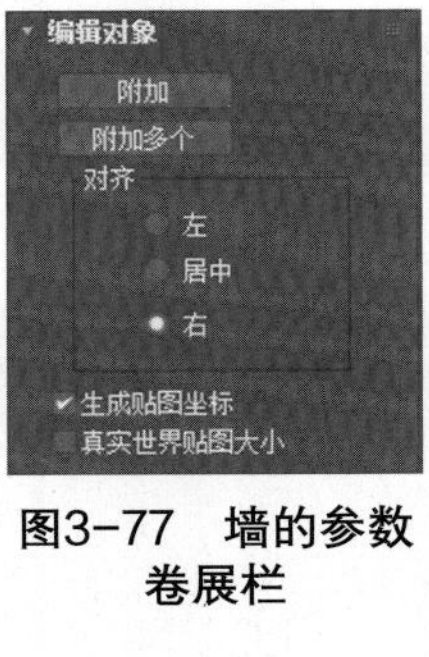

![图3-77 编辑对象面板]

图3-77　墙的参数卷展栏

（5）栏杆

栏杆对象的组件包括栏杆、立柱和栅栏。栏杆的效果如图3-78所示，栏杆、立柱和栅栏的卷展栏如图3-79所示。

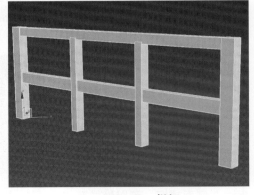

图3-78　栏杆

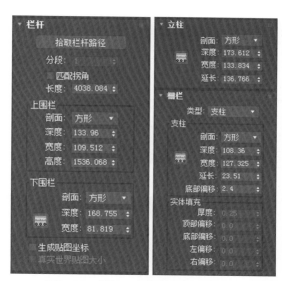

图3-79　栏杆、立柱和栅栏的卷展栏

（6）植物

以网格的形式快速地创建漂亮的植物（图3-80）。植物参数卷展栏如图3-81所示。在"收藏的植物"一栏，默认有12种植物可以选择（图3-82），同时可以手动加载植物素材库。

图3-80　创建植物　　图3-81　植物参数卷展栏

图3-82　收藏的植物

3.1.5　案例：沙发的制作

案例学习目标：学习使用扩展基本体搭建模型。

案例知识要点：创建切角长方体，并对切角长方体进行复制，拼合沙发模型的各个部位，完成沙发模型的制作。

图3-83　创建切角长方体

效果所在位置：本书配套文件包>第3章>案例：沙发的制作。

① 单击" ✚ （创建）> ⬤ （几何体）>扩展基本体>切角长方体"按钮（图3-83）。将鼠标光标移动到透视图中完成切角长方体的创建（图3-83）。进入 （修改）面板调整参数（图3-84）。

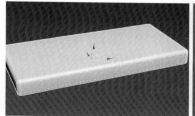

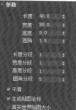

图3-84　切角长方体创建完成效果

② 再次创建切角长方体，作为沙发的扶手，如图3-85所示修改参数。

图3-85　扶手的制作（1）

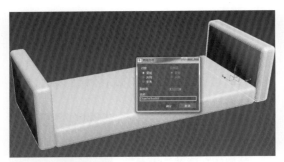

图3-86　扶手的制作（2）

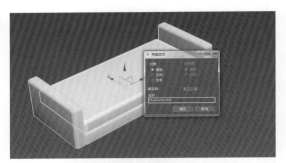

图3-87　底座的制作

图3-88　靠背的制作

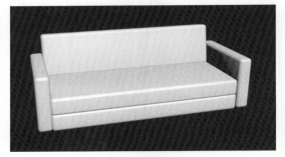

图3-89　最终渲染效果

③ 选择扶手模型，将光标放在坐标轴的X轴，配合键盘的Shift键，沿着X轴向右拖动模型，在弹出的克隆选项对话框中选择"复制"（图3-86），选择复制的多边形并移动到合适位置，完成两侧扶手的制作。

④ 按照第②步的操作方式，进行底座制作（图3-87）和靠背制作（图3-88）。

⑤ 调整完成后，使用键盘的Shift+Q渲染，最终效果如图3-89所示。

3.2 ▶ 二维图形的创建

3.2.1 标准二维图形的创建

3ds Max提供了一些具有固定形态的二维图形，这些图形造型比较简单，但各具特点。通过对二维图形参数的设置可以形成各种各样的新图形。下面介绍各图形的创建方法及其参数的设置和修改。

（1）线

线用于创建出任何形状的图形，包括开放型

或封闭型的样条线。创建完成后还可以通过调整定点、线段和样条线来编辑线的形态。

① 创建线的方法

线的创建是学习创建其他二维图形的基础，创建线的操作步骤如下。

a. 单击"＋（创建）> ◢（图形）> 线"按钮。

b. 在顶视图中单击鼠标左键，确定线的起始点（图3-90），移动光标到适当位置并单击鼠标左键，创建第2个顶点，生成一条线（图3-91）。

c. 如果需要创建封闭线，在不点击鼠标右键

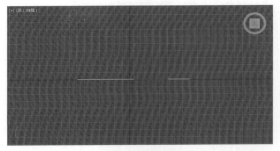

图3-90　创建线的起始点

的情况下，将光标移动到线的起始点上单击鼠标左键，弹出"样条线"对话框，如图3-92所示，提示用户是否闭合正在创建的线，单击"是（Y）"按钮即可闭合创建的线；单击"否（N）"按钮，则可以继续创建线。

　　d. 如果需要创建开放的线，单击鼠标右键，即可结束线的创建。

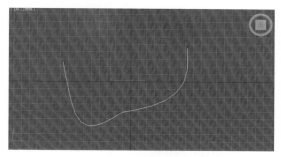

图3-91　创建第2个顶点

图3-92　创建封闭线

> **提示**　在创建线时，如果同时按住Shift键，可以创建出与坐标轴平行的直线。

② 线的创建参数

　　单击"➕（创建）> 🔷（图形）>线"按钮，在创建命令面板下方会显示线的创建参数（图3-93）。

"渲染"卷展栏

　　用于设置线的渲染特性，可以选择是否对线进行渲染，并设定线的厚度。

　　在渲染中启用：启用该选项后，渲染器在执行渲染时会将图形渲染为3D网格模型。

　　在视口中启用：启用该选项后，图形作为3D网格模型显示在视口中。

　　厚度：用于设置视口或渲染中线的直径大小。

　　边：用于设置视口或渲染中线的侧边数。

　　角度：用于调整视口或渲染中线的横截面旋转的角度。

"插值"卷展栏

　　用于控制线的光滑程度。

　　步数：设置程序在每个顶点之间使用的分段数量。

　　优化：启用此选项后，可以从样条线的直线线段中删除不需要的步数。

　　自适应：系统自动根据线状调整分段数。

"创建方法"卷展栏

　　用于确定所创建的线的类型。

　　初始类型：用于设置单击鼠标左键建立线时所创建的端点类型。

　　角点：用于建立折线，端点之间以直线连接（系统默认设置）。

　　平滑：用于建立曲线，端点之间以线连接，线的曲率由端点之间的距离决定。

　　拖动类型：用于设置拖拽鼠标建立线时所创建的曲线类型。

图3-93　线的创建参数

角点：选择此方式，建立的线端点之间为直线。

平滑：选择此方式，建立的线在端点处将产生圆滑的线。

Bezier：选择此方式，建立的线将在端点产生光滑的线。端点之间线的曲率及方向是通过端点处拖拽控制手柄实现的。

③ 线的形体修改

线的形体还可以通过调整顶点的类型来修改。操作步骤：切换到 （修改）命令面板，进入顶点子层级，在视图中选择顶点，点击鼠标右键，在弹出的四维菜单中显示了所选择顶点的类型（图3-94）。在菜单中可以看出所选择的点为"角点"。在菜单中选择其他顶点类型命令，顶点的类型会随之改变。

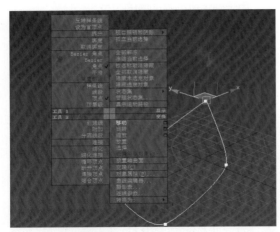

图3-94　四维菜单面板

线创建完成后，要对它进行一定的修改，以达到满意的效果，这就需要对顶点进行调整，顶点有4种类型，分别是Bezier角点、Bezier、角点和平滑。前两种类型的顶点可以通过绿色的控制手柄进行调整，后两种类型的顶点可以直接使用移动工具进行位置调整。

④ 线的修改参数

线创建完成后单击 （修改）按钮，在修改命令面板中会显示线的修改参数，线的修改参数分为5个部分（图3-95）。

"选择"卷展栏

主要用于控制顶点、线段和样条线3个子对象级别的选择。

顶点：顶点是样条线子对象的最低一级，因此修改顶点是编辑样条线的最灵活的方法。

线段：线段是中间级别的样条线子对象，对它的修改比较少。

图3-95　线的修改参数

样条线：样条线是对象选择集最高的级别，对它的修改比较多。

以上3个进入子层级的按钮与修改命令堆栈中的选项是相对应的，在使用上有相同的效果。

"几何体"卷展栏

"几何体"卷展栏提供了关于样条线的几何参数，在建模中对线的修改主要是对该面板的参数进行调节（图3-96）。下面介绍常用的几种工具命令。

（a）　　　　　　　　（b）

图3-96　几何体卷展栏

"新顶点类型"组

线性：新顶点将具有线性切线。

平滑：新顶点将具有平滑切线。

Bezier：新顶点将具有Bezier切线。

Bezier角点：新顶点将具有Bezier角点

切线。

创建线：用于创建一条线并把它加入到当前线中，与当前线成为一个整体。

断开：用于断开顶点和线段。

附加：用于将场景中的二维图形与当前线结合，变为一个整体。场景中存在两个以上的二维图形时才能使用附加功能。

附加多个：原理与"附加"相同，区别在于单击该按钮后，将弹出"附加多个"对话框，对话框中会显示出场景中线的名称，用户可以在对话框中选择多条线，然后单击"附加"按钮。

横截面：可创建图形之间横截面的外形框架，单击"横截面"按钮，选择一个形状，再选择另一个形状，则可以创建连接两个形状的样条线。

优化：用于在不改变线的形态的前提下，在线上插入顶点。

"连接复制"组

连接：启用时，通过连接新顶点创建一个新的样条线子对象。

阈值距离：用于指定连接复制的距离范围。

"端点自动焊接"组

自动焊接：勾选时，如果两端点属于同一曲线，并且在阈值范围内，将被自动焊接。

阈值距离：用于指定自动焊接的距离范围。

焊接：焊接同一样条线的两端点或两相邻点为一个点。

连接：连接两个断开的点。

插入：在选择点处单击鼠标，会引出新的点。

设为首顶点：指定作为样条线起点的顶点。

熔合：移动选择的点到它们的平均中心，同时不会产生点的连接。

反转：颠倒样条线的方向，也就是顶点序号的顺序。

循环：用于点的选择，在视图中选择一组重叠在一起的顶点后，单击此按钮，可以选择逐个顶点进行切换，直到选择到需要的点

为止。

相交：单击该按钮，在两条相交样条线的交叉处单击，将在交叉处分别增加一个顶点。

圆角：用于在选择的顶点处创建圆角。

切角：其功能和操作方法与圆角相同，但创建的是切角。

轮廓：用于给选择的线设置轮廓，用法和圆角相同。

布尔：提供 ⬭（并集）、◉（差集）、◎（交集）3种运算方式，依次为并集后的图形、差集后的图形、交集后的图形。

⬭（并集）：将两个重叠样条线组合成一个样条线，在该样条线中，重叠的部分被删除，保留两个样条线不重叠的部分，构成一个样条线。

◉（差集）：从第一个样条线中减去与第二个样条线重叠的部分，并删除第二个样条线中剩余的部分。

◎（交集）：仅保留两个样条线的重叠部分，删除两者的不重叠部分。

镜像：可以对曲线进行 ▥（水平镜像）、▤（垂直镜像）、◈（对角镜像）。

修剪：单击"修剪"按钮可以清理形状中的重叠部分，使端点接合在一个点上。

延伸：使用"延伸"可以清理形状中的开口部分，使端点接合在一个点上。

无限边界：启用此选项将开口样条线视为无穷长。

（2）矩形

矩形用于创建矩形和正方形。

① 创建矩形

矩形的创建比较简单，操作步骤如下。

a. 单击"➕（创建）＞◉（图形）＞矩形"按钮。

b. 将鼠标光标移到视图中，单击并按住鼠标左键不放拖拽光标，视图中生成一个矩形，移动光标调整矩形大小，在适当的位置松开鼠标左

键，矩形创建完成（图3-97）。创建矩形时按住Ctrl键，可以创建出正方形。

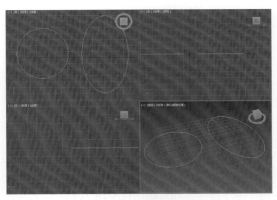

图3-99　创建圆

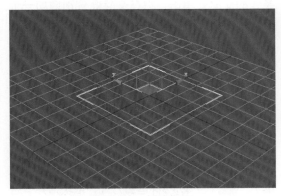

图3-97　创建矩形

② 矩形的参数

单击矩形将其选中，单击 [修改] 按钮，在参数命令面板中会显示矩形的"参数"卷展栏（图3-98）。

图3-98　矩形参数卷展栏

长度：设置矩形的长度值。

宽度：设置矩形的宽度值。

角半径：设置矩形的四角是直角还是有弧度的圆角。若其值为0，则矩形的4个角都为直角。

（3）圆和椭圆

圆和椭圆的形态比较相似，创建方法基本相同。

① 创建圆和椭圆

下面以圆形为例来介绍创建方法，操作步骤如下。

a. 单击" [创建] > [图形] > 圆"按钮。

b. 将鼠标光标移到视图中，单击并按住鼠标左键不放拖拽光标，视图中生成一个圆，移动光标调整圆的大小，在适当的位置松开鼠标左键，圆创建完成（图3-99）。使用相同方法可以创建出椭圆。

② 圆和椭圆的参数

单击圆或椭圆将其选中，然后单击 [修改] 按钮，在修改命令面板中会显示其参数。图

3-100所示为圆的"参数"卷展栏。

"参数"卷展栏的参数中，圆的参数只有"半径"，椭圆的参数有"长度"和"宽度"，用于调整椭圆的长轴和短轴（图3-101）。

图3-100　圆的参数卷展栏

图3-101　椭圆的参数卷展栏

（4）弧

弧可用于创建弧线和扇形。

① 创建弧

弧有两种创建方式：一种是"端点-端点-中央"创建方式（系统默认设置），另一种是"中间-端点-端点"创建方式。

端点-端点-中央：建立弧时先引出一条直线，以直线的两端点作为弧的两个端点，然后移动鼠标光标确定弧的半径。

中间-端点-端点：建立弧时先引出一条直线作为弧的半径，再移动鼠标光标确定弧长。

创建弧的操作步骤如下。

a. 单击" [创建] > [图形] > 弧"按钮。

b. 将鼠标光标移到视图中，单击并按住鼠标左键不放拖拽光标，视图中生成一条直线，松开鼠标左键并移动光标，调整弧的大小。在适当的位置单击鼠标左键，弧创建完成（图3-102），图

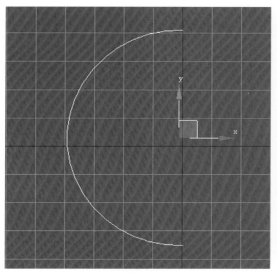

图3-102　创建弧

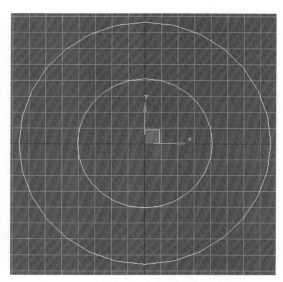

图3-104　创建圆环

中显示的是以"端点-端点-中央"方式创建的弧。

②弧的参数

单击弧将其选中，单击 （修改）按钮，在修改

图3-103　弧的参数卷展栏

命令面板中会显示弧的参数，如图3-103所示。

半径：设置弧的半径大小。

从：设置建立的弧在其所在圆上的起始点角度。

到：设置建立的弧在其所在圆上的结束点角度。

饼形切片：选择该复选框则分别把弧中心和弧的两个端点连接起来构成封闭的图形。

反转：启用该选项后，将会水平对称反转弧形样条线。

（5）圆环

圆环用于制作由两个圆组成的圆环。

①创建圆环

圆环的创建方法比圆的多一个步骤，操作步骤如下。

a. 单击"➕（创建）> 🔾（图形）>圆环"按钮。

b. 鼠标光标移到视图中，单击并按住鼠标左键不放拖拽光标，视图中生成一个圆形。松开鼠标左键并移动光标，生成另一个圆，在适当的位置单击鼠标左键，圆环创建完成（图3-104）。

②圆环的参数

选中圆环，单击 🔾（修改）按钮，在修改命令面板中会显示圆环的参数（图3-105）。

半径1：用于设置第1个圆形的半径大小。

图3-105　圆环参数卷展栏

半径2：用于设置第2个圆形的半径大小。

（6）文本

3ds Max中可以直接使用文本来创建文本图形的样条线，并且支持中英文混排以及当前操作系统所提供的各种标准字体。

①创建文本

文本的创建方法操作步骤如下。

a. 单击"➕（创建）> 🔾（图形）>文本"按钮，在"参数"面板中设置创建参数，在"文本"输入区输入要创建的文本内容。

b. 将光标移到视图中并单击鼠标左键，文本创建完成（图3-106）。

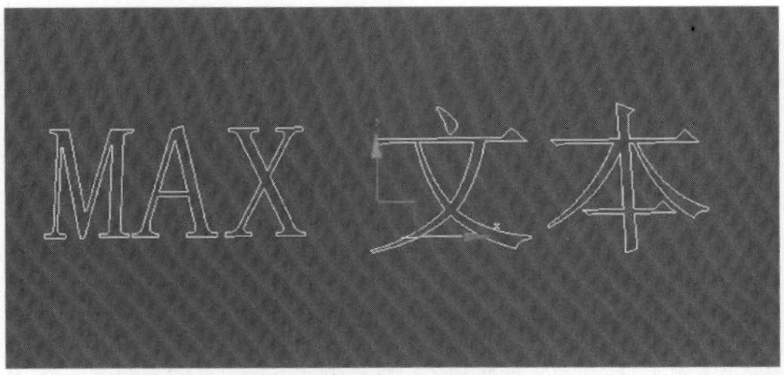

图3-106　创建文本

② 文本的参数

选中文本，单击（修改）按钮，切换到修改命令面板，在修改命令面板中会显示文本的参数（图3-107）。

字体下拉列表框：用于选择文字的字体。

按钮：设置斜体字体。

按钮：设置下画线。

按钮：向左对齐。

按钮：居中对齐。

按钮：向右对齐。

按钮：两端对齐。

大小：设置文字的大小。

字间距：设置文字之间的间隔距离。

行间距：设置文字行与行之间的间隔距离。

文本：用于输入文本内容，同时也可以进行改动。

“更新”组用于设置修改完文本内容后，视图是否立刻进行更新显示。当文本内容非常复杂时，系统可能很难完成自动更新，此时可选择“手动更新”方式。

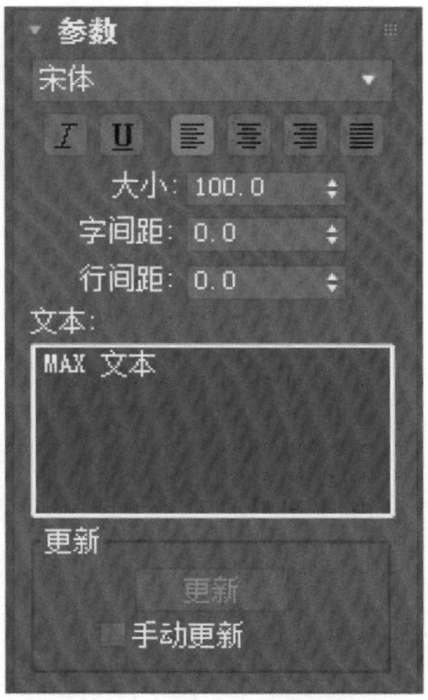

图3-107　文本参数卷展栏

手动更新：用于进行手动更新视图。勾选此选项，只有当单击“更新”按钮后，文本输入框

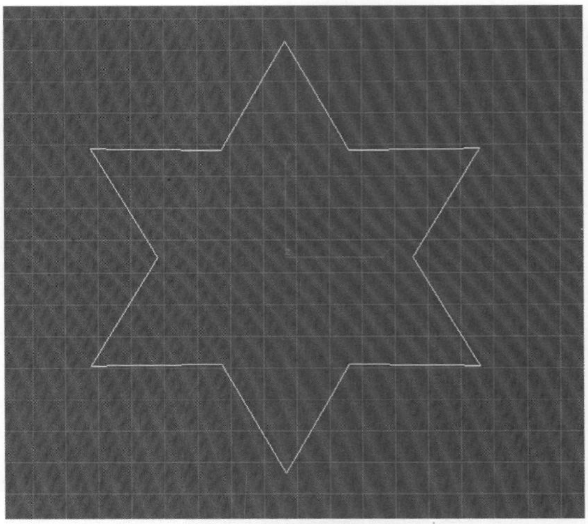

图3-108　创建星形

中当前的内容才会显示在视图中。

（7）星形

星形用于创建多角星形，也可以创建齿轮图案。

① 创建星形

星形的创建方法与同心圆相同，操作步骤如下。

a. 单击“（创建）>（图形）>星形”按钮。

b. 将鼠标光标移到视图中，单击并按住鼠标左键不放拖拽光标，视图中生成一个星形。松开鼠标左键并移动光标，调整星形的形态，在适当的位置单击鼠标左键，星形创建完成（图3-108）。

② 星形的参数

单击星形将其选中，单击（修改）按钮，在修改命面板中会显示星形的参数（图3-109）。

半径1：设置星形的内顶点所在圆的半径大小。

半径2：设置星形的外顶点所在圆的半径大小。

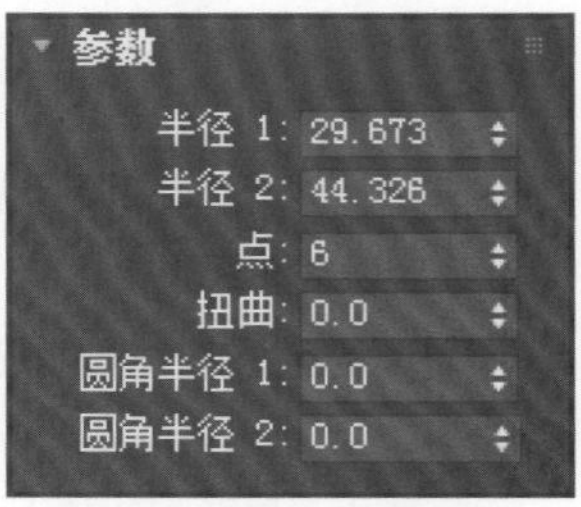

图3-109　文本参数卷展栏

点：用于设置

星形的顶点数。

扭曲：用于设置扭曲值，使星形的齿产生扭曲。

圆角半径1：用于设置星形内顶点处的圆滑角的半径。

圆角半径2：用于设置星形外顶点处的圆滑角的半径。

（8）其他标准样条线

其他的标准样条线还包括以下几种（图3-110）。

螺旋线：使用"螺旋线"可创建开口平面或3D螺旋线或螺旋。

卵形：使用"卵形"可创建卵形图形。

截面：截面是一种特殊类型的样条线，其可以通过几何体对象基于横截面切片生成图形。

图3-110　螺旋线、卵形、截面、徒手

徒手：徒手工具可以以手绘或鼠绘的方式创建样条线，其创作形式更加灵活，线的效果也更加多变。

各标准样条线的创建方法和参数解释如表3-1所示。

表3-1　其他标准样条线的创建

名称	创建方法	参数解释
螺旋线	① 单击"➕（创建）> 🖊（图形）>螺旋线"按钮。 ② 在任意视口中，拖放以设定螺旋线的起始点及其起始半径（"中心"方法）或直径（"边"方法）。 ③ 垂直移动鼠标，然后单击以定义高度。 ④ 移动鼠标，然后单击以定义结束半径。	半径1：指定螺旋线起点的半径。 半径2：指定螺旋线终点的半径。 高度：指定螺旋线的高度。 圈数：指定螺旋线起点和终点之间的圈数。 偏移：强制在螺旋线的一端累积圈数。高度为0.0时，偏移的影响不可见。
卵形	① 单击"➕（创建）> 🖊（图形）>卵形"按钮。 ② 在视口中，垂直拖动以设定卵形的初始尺寸，水平拖动以更改卵形的方向（其角度）。 ③ 释放鼠标。如果在开始创建卵形之前禁用了"轮廓"，那么到此即完成了卵形图形的创建。 ④ 再次拖动以设定轮廓的初始位置，然后单击即完成了卵形的创建。	长度：设定卵形的长度。 宽度：设定卵形的宽度。 轮廓：启用后，会创建一个轮廓，这是与主图形分开的另外一个卵形图形。默认设置为启用。 厚度：设定主卵形图形与其轮廓之间的偏移。 角度：设定卵形的角度，即绕图形的局部Z轴的旋转。

名称	创建方法	参数解释
截面	① 创建或打开包含一个或多个几何体对象的场景。 ② 单击"➕（创建）> 🔷（图形）>截面"按钮。 ③ 在视口中拖动鼠标创建一个截面。 ④ 移动并旋转截面，以便其平面与场景中的网格对象相交。黄色线条显示截面平面与对象相交的位置。 ⑤ 在命令面板的"截面参数"卷展栏上，单击"创建图形"，在出现的对话框中输入名称，然后单击"确定"。	创建图形：基于当前显示的相交线创建图形。 移动截面时：在移动或调整截面图形时更新相交线。 选择截面时：在选择截面图形但未移动时，更新相交线。 手动：仅在单击"更新截面"按钮时更新相交线。 更新截面：更新相交点，以便与截面对象的当前位置匹配。 无限：截面平面在所有方向上都是无限的，从而使横截面位于其平面中的任意网格几何体上。 截面边界：在截面图形边界内或其接触对象中生成横截面。 禁用：不显示或生成横截面。禁用"创建图形"按钮。 色样：单击此选项可设置相交的显示颜色。 长度/宽度：调整显示截面矩形的长度和宽度。
徒手	① 单击"➕（创建）> 🔷（图形）>徒手"按钮。 ② 设置"阈值"和"粒度"以便在绘制时调整采样，并设置其他选项，如"渲染""释放按钮时结束创建""偏移"选项。 ③ 在视口中，拖动鼠标以绘制所需图形。 ④ 释放鼠标按钮以完成图形的绘制。 如果"释放按钮时结束创建"选项处于禁用状态，按 Esc 键或在视口中单击鼠标右键来完成。	显示结：显示样条线上的结。 采样：设置采样数量。 "弯曲/直线"切换：设置结之间的线段是弯曲的还是直的。 闭合：在样条线的起点和终点之间绘制一条线以将其闭合。 法线：在视口中显示受约束样条线的结果法线。 偏移：使手绘样条线的位置向远离约束对象曲面的方向偏移。 样条线数：显示图形中样条线的数量。 原始结数：显示绘制样条线时自动创建的结数。 新结数：显示新结数（绘制之前为 0）。

3.2.2 案例：五角星的制作

案例学习目标：学习创建星形。

案例知识要点：创建星形并为其施加"倒角"修改器，完成五角星的制作。

效果所在位置：本书配套文件包>第3章>案例：五角星的制作。

① 单击"➕（创建）> 🔷（图形）>星形"按钮，在前视图中创建星形如图3-111所示，在"参数"卷展栏中设置"半径1"为50、"半径2"为25、"点"为5（图3-112），星形创建效果如图3-113所示。

② 在前视图中单击"➕（创建）> 🔷（图

图3-111　创建星形

图3-112　修改参数

形）>线"按钮，在视图中单击鼠标左键，确定线的起始点，移动光标到适当位置并点击鼠标左键，创建出一条曲线（图3-114）。

③ 切换到 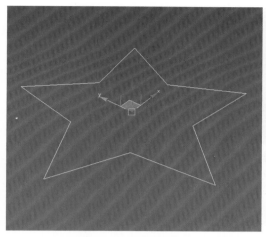 （修改）命令面板，在"修改器列表"中选择"倒角剖面"（图3-115），在倒角剖面组中选择"经典"，然后单击 **拾取剖面** 按钮（图3-116），拾取视图中创建的弧线形状Line001（图3-117）。

④ 拾取视图中的Line001后，即可得到如图3-118所示的效果，点击Shift+Q进行快速渲染，得到如图3-119所示的渲染效果。

3.2.3 扩展二维图形

（1）墙矩形

墙矩形就是"有内墙的矩形"。墙矩形样条线可以通过两个同心矩形创建封闭的形状，每个矩形都由四个顶点组成（图3-120）。墙矩形与"圆环"工具相似，只是其使用矩形而不是圆。其参数卷展栏如图3-121所示。

图3-113　星形效果

图3-114
创建曲线效果

图3-115 选择倒角剖面修改器

图3-116
拾取剖面

图3-117　拾取剖面图形
Line001

图3-118　最终生成图形效果

图3-119　实体显示效果

图3-120　墙矩形

图3-121　墙矩形
参数卷展栏

（2）通道

通道样条线可以创建一个闭合的形状为"C"的样条线，并可以修改样条线的内部和外部角（图3-122）。其参数卷展栏如图3-123所示。

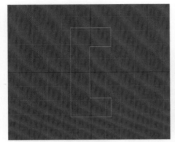

图3-122　通道样条线

图3-123　通道样条线参数卷展栏

（3）角度

　　角度样条线可以创建一个闭合的形状为"L"的样条线，并可以修改样条线的角半径（图3-124）。其参数卷展栏如图3-125所示。

图3-124　角度样条线

图3-125　角度样条线参数卷展栏

（4）T形

　　T形样条线可以创建一个闭合的形状为"T"的样条线，并可以修改样条线两个内部角半径（图3-126）。其参数卷展栏如图3-127所示。

图3-126　T形样条线

图3-127　T形样条线参数卷展栏

（5）宽法兰

　　使用宽法兰创建一个闭合的形状为"I"的样条线，并可以修改样条线的内部角（图3-128）。其参数卷展栏如图3-129所示。

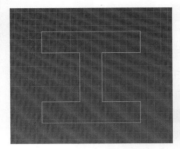

图3-128　宽法兰

图3-129　宽法兰参数卷展栏

3.2.4　案例：宽法兰的制作

　　案例学习目标：学习使用扩展样条线搭建模型。

　　案例知识要点：创建宽法兰，并对宽法兰进行编辑修改，完成宽法兰模型进行复制，最终完成宽法兰组合模型的制作。

　　效果所在位置：本书配套文件包>第3章>案例：宽法兰的制作。

　　① 单击"➕（创建）> 🕑（图形）>扩展样条线"，选择"宽法兰"，在创建面板下方的键盘输入组修改参数（图3-130），选择前视

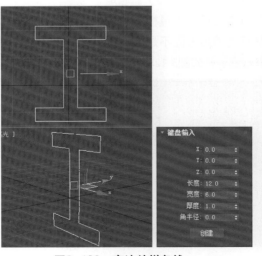

图3-130　宽法兰样条线

图，并点击下面的"创建"按钮，在视图中就可以得到一个宽法兰样条线。

② 选择创建好的宽法兰样条线，在 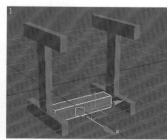（修改）面板编辑修改器列表中选择"挤出"命令，设置数量为1.0（图3-131）。

⑤ 选择宽法兰模型，配合键盘上的Shift键进行复制，对宽法兰造型进行位置的移动和旋转变换，形成一个如图3-134所示的新造型。

⑥ 选择底部的长方体造型，继续往上复制一个，得到一个新的造型（图3-135）。

⑦ 选择合适的角度，最终渲染得到如图3-136所示的效果。

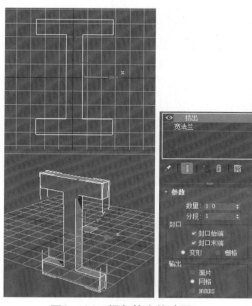

图3-131　添加挤出修改器

③ 按住键盘上的Shift键，沿着Y轴方向向右拖动，复制出一个新的宽法兰造型（图3-132）。

④ 单击"➕（创建）> （图形）>标准基本体>长方体"按钮，在视图中创建一个长方体，参数如图3-133所示。

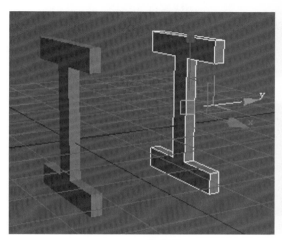

图3-132　复制效果

图3-133　创建长方体

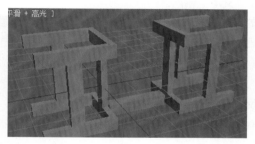

图3-134　复制造型（1）

图3-135　复制造型（2）

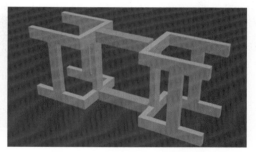

图3-136　宽法兰最终渲染效果

3.3 ▶ 课堂实训：制作倒角文字

实训目标：学习使用文本样条线和倒角工具制作模型。

实训要点：创建文本图形、设置文本图形的参数，并设置"倒角"修改器。

效果所在位置：本书配套文件包>第3章>案例：制作倒角文字。

① 单击"＋（创建）>⚪（图形）>文本"按钮，在"参数"卷展栏中的字体栏选择"微软雅黑Bold"，修改大小参数，在"文本"输入区输入要创建的文本内容：MAX 2020。在前视图区中单击鼠标左键，创建文本（图3-137）。

② 单击"修改"命令面板，在修改器列表中选择"倒角"修改器并进入其属性面板，在参数卷展栏中勾选"封口"栏下各项，确定封口类型为变形，修改倒角值栏下级别1的高度与轮廓等参数（图3-138）。

③ 级别2的高度与轮廓等参数如图3-139所示。

④ 级别3的高度与轮廓等参数如图3-140所示。

⑤ 最终形成如图3-141所示的效果。

图3-137　创建文本

图3-138　添加倒角修改器

图3-139　修改参数（1）

图3-140　修改参数（2）

图3-141　最终效果

运用本章所学知识点，创建并编辑二维样条线，完成果盘模型的制作，效果如图
3-142所示。具体操作步骤及最终效果文件见本书配套文件包>第3章>课后习题：果
盘的制作。

图3-142　果盘模型

第4章

高级物体建模

本章内容 主要对各种常用的修改命令进行介绍，通过修改命令的编辑可以使几何体的形状发生改变。学习者通过学习本章内容，应掌握各种修改命令的属性和作用，通过修改命令的配合使用，制作出完整精美的模型。

学习目标 理解将二维图形转换为三维模型的方法；掌握编辑样条线命令；掌握三维变形修改器；掌握编辑多边形的使用方法。

4.1 ▶ 修改命令面板功能

对于修改命令面板，在前面章节中的几何体修改过程中已有过一定介绍，通过修改命令面板可以直接对几何体进行修改，还能实现修改命令之间的切换。

创建几何体后，进入修改命令面板，面板堆栈中会显示修改命令的选项（图4-1）。

修改器列表：用于选择修改命令，单击后会弹出下拉菜单，可以选择要使用的修改命令。

修改器堆栈：修改器堆栈位于"修改器列表"的下方。修改器堆栈上部包含所应用的修改器和创建参数，修改器按照从下到上的顺序排列，堆栈的底部是原始对象。

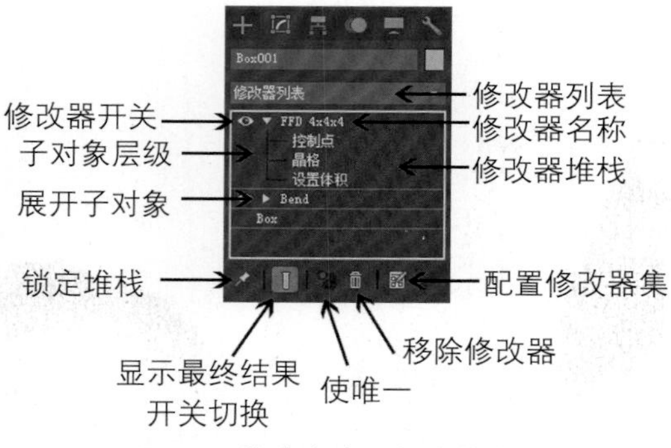

修改器名称：显示使用修改器的名称。

修改器开关：用于开启和关闭修改命令。单击后会变成 图标，表示该命令已关闭，已关闭的命令不再对物体产生作用。再次单击此图标，命令会重新开启，并能对物体产生作用。

子对象层级：打开层次之后，用户可以选择子对象层级（如 Gizmo）对其进行调整。可用子对象层级因修改器而异。

展开子对象：在修改命令堆栈中，有些命令左侧有一个 图标，表示该命令拥有子层级选项，单击此按钮，子层级就会打开（图4-2）。选择子层级时，会以高亮状态显示。

图4-1 修改命令面板堆栈窗口

修改器开关
子对象层级
展开子对象
锁定堆栈
显示最终结果
开关切换
使唯一
移除修改器
配置修改器集
修改器列表
修改器名称
修改器堆栈

图4-2 子层级命令

（锁定堆栈）：将堆栈锁定到当前选定的对象，无论后续选择如何更改，它都属于该对象。整个修改面板将同时锁定到当前对象。

（显示最终结果开关切换）：应用此切换选项，显示堆栈中应用所有修改器后出现的对象效果。禁用此切换选项，对象将显示为堆栈中的当前修改器所实现的修改效果。

（使唯一）：将关联复制的对象转化为独立的对象。

（移除修改器）：从堆栈栏里删除当前修改器。

（配置修改器集）：单击可弹出"修改器集"菜单，可以将常用的命令以列表或按钮的形式显示。

4.2 ▶ 三维模型制作修改器

本书第3章介绍了二维图形的创建，通过对二维图形基本参数的修改，可以创建出各种形状的图形，但如何把二维图形转化为立体的三维图形并应用到建模呢？下面将介绍通过修改命令使二维图形转化为三维模型的建模方法。

4.2.1 挤出修改器

挤出修改器可以为二维图形转化成三维物体增加体积效果，效果如图4-3所示。下面介绍挤出修改器的参数和使用方法。

要使用挤出修改器，在场景中创建图形，在修改器列表中选择"挤出"。挤出修改器的用法比较简单，只要对"数量"数值进行设置就能满足一般的建模需要。其参数卷展栏如图4-4所示。

数量：用于设置挤出的高度。

分段：用于设置挤出高度上的段数。

"封口"组

用于对模型两端进行加盖控制。

封口始端：将挤出的对象顶端加面覆盖。

封口末端：将挤出的对象底端加面覆盖。

变形：选中该按钮，将不进行面的精简计

算，以便用于变形动画的制作。

栅格：选中该按钮，将进行面的精简计算，不能用于变形动画的制作。

"输出"组

用于对模型进行输出设置。

面片：将挤出的对象输出为面片对象。

网格：将挤出的对象输出为网格对象。

NURBS：将挤出的对象输出为NURBS曲面对象。

4.2.2 倒角修改器

倒角修改器可以对二维图形进行挤出和倒角效果（图4-5）。下面介绍"倒角"命令的参数和用法。

要使用倒角修改器，在视图中创建二维图形，在修改列表中选择"倒角"，并设置修改命令面板中的参数即可，参数卷展栏如图4-6所示。

"封口"组

用于对模型两端进行加盖控制。

始端：将开始截面封顶加盖。

末端：将结束截面封顶加盖。

"封口类型"组

用于设置封口表面的构成类型。

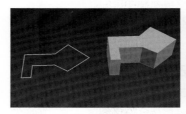 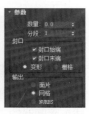

图4-3　挤出修改器效果　　图4-4　参数卷展栏

图4-5　倒角修改器效果　　图4-6　参数卷展栏

变形：不处理表面，以便进行变形动画制作。

栅：对表面网格处理，优化渲染效果。

"曲面"组

用于控制侧面的曲率、光滑度，并指定贴图坐标。

线性侧面：将倒角内部片段划分设置为直线方式。

曲线侧面：将倒角内部片段划分设置为弧形方式。

分段：设置倒角内部的段数。其数值越大，倒角越圆滑。

级间平滑：将对倒角进行光滑处理，但顶盖不被光滑。

生成贴图坐标：为模型指定贴图坐标。

"相交"组

用于在制作倒角时，优化因尖锐折角产生的突出变形。

避免线相交：可以防止尖锐折角产生的突出变形。

分离：保持边界线之间距离间隔，以防止交叉。

"倒角值"卷展栏（图4-7）

起始轮廓：设置原始图形的外轮廓大小。

级别1/级别2/级别3：分别设置3个级别的高度和轮廓大小。

4.2.3 车削修改器

车削修改器可以将二维图形旋转，进而转换成表面圆滑的三维形体，例如杯子、碗、酒瓶等（图4-8）。下面介绍车削修改器的使用。

车削修改器只能用于对二维图形的编辑。在视图中创建一个二维图形，单击"修改器列表"选择"车削"命令即可。参数卷展栏如图4-9所示。

度数：确定对象绕轴旋转多少度，范围为0～360。

焊接内核：将旋转轴上重合的点进行焊接。

翻转法线：翻转造型表面的法线方向。

"封口"组

封口始端：将挤出的对象顶端加面覆盖。

封口末端：将挤出的对象底端加面覆盖。

变形：选中该按钮，将不进行面的精简计算，以便用于变形动画的制作。

栅格：选中该按钮，将进行面的精简计算，不能用于变形动画的制作。

"方向"组

用于设置旋转中心轴的方向。

X、Y、Z：该按钮分别用于设置不同的轴向。

"对齐"组

用于设置曲线与中心轴线的对齐方式。

最小：将曲线内边界与中心轴线的对齐。

中心：将曲线中心与中心轴线对齐。

最大：将曲线外边界与中心轴线对齐。

4.2.4 放样对象

放样对象同样可以通过二维图形创建三维形体。该命令使用两个或多个样条线对象创建放样模型，其中的一条样条线作为路径使用，其余样条线作为放样对象的横截面或图形。沿着路径生成模型时，放样对象会在图形之间生成曲面过

图4-7 "倒角值"卷展栏　　　　图4-8 车削修改器效果　　　　图4-9 "参数"卷展栏

渡，效果如图4-10所示。

放样对象不在修改器列表中，而是设置在复合对象面板中。放样对象的使用方式是首先在视图中选择样条线图形，然后点击"➕（创建）>⭕（几何体）>复合对象> 放样 "按钮，再根据需要点击 获取路径 或 获取图形 后，选择所要使用的另外的样条线等。

（1）"创建方法"卷展栏

创建方法卷展栏界面如图4-11所示，用于确定是使用图形还是路径创建放样对象，以及转换为放样对象的方式。

  获取路径 ：将路径指定给选定图形或更改当前指定的路径。

  获取图形 ：将图形指定给选定路径或更改当前指定的图形。

移动/复制/实例：用于指定路径或图形转换为放样对象的方式。

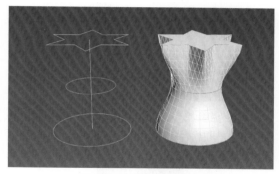

图4-10　放样对象效果

图4-11　"创建方法"卷展栏

提示 在获取图形时按下Ctrl键，可反转图形Z轴的方向。如果创建放样后要编辑或修改路径，可选中"实例"选项。

（2）"曲面参数"卷展栏

曲面参数卷展栏如图4-12所示。该卷展栏可以控制放样曲面的平滑，以及指定是否沿着放样对象应用纹理贴图。

"平滑"组

平滑长度：沿着路径的长度提供平滑曲面。

平滑宽度：围绕横截面图形的边界提供平滑曲面。

"贴图"组

应用贴图：启用和禁用放样贴图坐标。

真实世界贴图大小：控制应用于该对象的纹理贴图材质的缩放方式。

长度重复：设置沿着路径的长度重复贴图的次数。

宽度重复：设置围绕横截面图形的边界重复贴图的次数。

规格化：启用该选项后，将沿着路径平均应用贴图坐标。

"材质"组

生成材质ID：在放样期间生成材质ID。

使用图形ID：提供使用样条线材质ID来定义

图4-12　"曲面参数"卷展栏

材质ID的选择。

"输出"组

面片：在放样期间可生成面片对象。

网格：在放样期间可生成网格对象。

（3）"路径参数"卷展栏

"路径参数"卷展栏界面如图4-13所示。该卷展栏控制沿放样路径的各个间隔的图形位置。

图4-13　"路径参数"卷展栏

路径：通过输入值或拖动微调器来设置路径的级别。

捕捉：用于设置路径图形之间的距离。

百分比：将路径级别表示为路径总长度的百分比。

距离：将路径级别表示为路径第一个顶点的绝对距离。

路径步数：将图像置于路径步数和顶点上。

：将路径上的所有图形设置为当前的级别。

：从路径级别的当前位置上沿路径跳至上一个/下一个图形上。

（4）"蒙皮参数"卷展栏

"蒙皮参数"卷展栏界面如图4-14所示。该卷展栏可以调整放样对象的复杂性，还可以通过控制面数来优化模型。

"封口"组

控制放样物体的两端是否封闭。

"选项"组

图形步数：设置横截面图形每个顶点之间的步数。

路径步数：设置路径每个主分段之间的步数。

优化图形：优化横截面图形的直分段，忽略"图形步数"。

图4-14　"蒙皮参数"卷展栏

优化路径：优化路径的直分段，忽略"路径步数"。

自适应路径步数：分析放样并调整路径分段的数目。

轮廓：每个图形的Z轴与形状层级中路径的切线对齐。若禁用该选项，则图形保持平行，且其方向与放置的图形相同。

倾斜：只要路径弯曲并改变其局部Z轴的高度，图形便围绕路径旋转。禁用该选项，图形在穿越3D路径时不会围绕其Z轴旋转。

恒定横截面：启用该选项，在路径中的拐角处缩放横截面，以保持路径宽度一致。禁用该选项，横截面保持其原来的局部尺寸，从而在路径拐角处产生收缩。

线性插值：使用每个图形之间生成放样蒙皮。禁用该选项，使用每个图形之间的平滑曲线生成放样蒙皮。

翻转法线：将法线翻转180°。

四边形的边：若放样对象的两部分具有相同数目的边，会将缝合到一起的面显示为四边形。

变换降级：使放样蒙皮在子对象图形/路径变换中消失。禁用该选项，在子对象变换中可以看到蒙皮。

"显示"组

蒙皮：显示放样的蒙皮。禁用该选项，只显示放样子对象。

明暗处理视图中的蒙皮：显示放样的蒙皮。禁用该选项，将根据"蒙皮"设置来控制蒙皮的显示。

（5）"变形"卷展栏

"变形"卷展栏界面如图4-15所示。该卷展栏提供了5个变形工具，每个变形工具的右侧都有 按钮，如果此按钮为

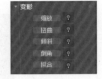

图4-15 "变形"卷展栏

状态，表示已产生作用，否则对放样造型不产生影响。

缩放：沿着路径移动时只改变图形

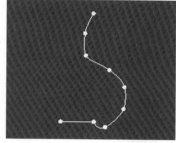

图4-16 创建线面板图　　图4-17 花瓶的截面图形

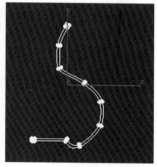

图4-18 可编辑样条线　　图4-19 添加轮廓修改器的
　　　　　　　　　　　　　　　　　 效果

图4-20 车　　　　　图4-21 车削修改器的效果
削修改器参数

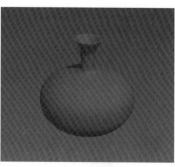

图4-22 网　　　　　图4-23 最终效果
格平滑修改器

的缩放值。

扭曲：沿着对象的长度创建旋转或扭曲的对象。

倾斜：围绕局部X轴和Y轴旋转图形。

倒角：模拟对象的切角、倒角或圆角边效果。

拟合：使用两条"拟合"曲线来定义对象的顶部和侧面。

4.2.5 案例：花瓶的制作

案例学习目标：运用车削修改器制作花瓶模型。

案例知识要点：创建二维样条线，并对二维样条线进行编辑，通过车削修改器，完成花瓶模型的制作。

效果所在位置：本书配套文件包>第4章>案例：花瓶的制作。

① 单击"➕（创建）>◘（图形）>线"按钮（图4-16）。在前视图中单击鼠标左键，确定线的起始点，移动光标到适当位置并单击鼠标左键，创建9个连续顶点，生成一条花瓶的截面图形（图4-17）。

② 选择创建好的样条线，单击右键，在弹出的四维菜单中，点击"转换为可编辑样条线"命令，对可编辑样条线进行细致的调整。在样条线层级，如图4-18所示，选择 **轮廓** 命令，输入数值为5，这样就可以在原来图形基础上加一个轮廓（图4-19）。

③ 在"修改器列表"中，选择车削修改器，在修改面板中，修改对齐方式为最小（图4-20），然后得到如图4-21所示的效果。

④ 为了得到光滑的效果，在车削参数卷展栏中修改分段为32，为了使网格更加平滑，继续添加一个网格平滑修改器，参数如图4-22所示。

⑤ 制作完成后的最终效果如图4-23所示。

4.3 ▶ 三维变形修改器

前面介绍了二维图形转换为三维模型的日常修改器，下面介绍三维模型变形的修改器。

4.3.1 噪波修改器

噪波修改器可以使物体表面生成凹凸不平的效果，一般用来创建地面、山石和水面波纹等不平整的效果。在场景中选择模型，然后在"修改器列表"中选择噪波修改器，效果如图4-24所示。参数卷展栏如图4-25所示。

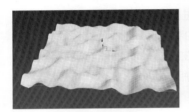

图4-24 噪波修改器效果

图4-25 "参数"卷展栏

"噪波"组

用于控制噪波的出现及其在对象上的变形。

种子：从设置的数值中生成一个随机效果。

比例：设置噪波影响的大小。

分形：根据当前设置产生分形效果。

粗糙度：决定分形变化的程度。

迭代次数：控制分形变化的程度。

"强度"组

用于控制噪波效果的大小。

X、Y、Z：沿着3条轴设置噪波的强度。

"动画"组

设置噪波的位移、动画等。

动画噪波：调节"噪波"和"强度"参数的组合效果。

频率：调节噪波效果的速度。

相位：移动基本波形的开始点和结束点。

4.3.2 拉伸修改器

拉伸修改器可以对模型形成挤压和拉伸的效

果，效果如图4-26所示。参数卷展栏如图4-27所示。

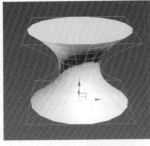

图4-26 拉伸修改器效果

图4-27 "参数"卷展栏

"拉伸"组

拉伸：为所有的轴设置基本缩放因子。

放大：更改应用到副轴上的缩放因子。

"拉伸轴"组

X、Y、Z：选择将X/Y/Z局部轴作为拉伸轴。

"限制"组

将拉伸效果应用到整个对象或部分对象上。

限制效果：限制拉伸效果。

上限：沿着拉伸轴的正向限制拉伸效果的边界。

下限：沿着拉伸轴的负向限制拉伸效果的边界。

4.3.3 自由式变形

自由式变形（FFD）通过调整晶格的控制点使对象发生变形，进而改变几何体的造型。下面以FFD 4×4×4修改器为例，介绍自由式变形修改器的应用。

在场景中选择需要变形的模型，在"修改器列表"中为模型施加FFD 4×4×4修改器即可，效果如图4-28所示。

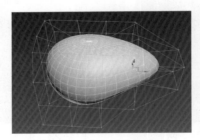

图4-28 自由式变形效果

（1）FFD修改器的子物体层级

图4-29 子物体层级

FFD修改器的子物体层级如图4-29所示。

控制点：此子对象层级可以操作晶格的控制点来影响对象形状。

晶格：此子对象层级可从几何体中单独移动、旋转或缩放晶格框，进而影响对象造型。

设置体积：在此子对象层级，晶格控制点变为绿色，可以操作控制点而不修改对象。

（2）"FFD参数"卷展栏（图4-30）

"显示"组

图4-30
"FFD参数"卷展栏

显示组的选项将影响FFD在视口中的显示。

晶格：将绘制连接控制点的线条形成栅格。

源体积：控制点和晶格会以未修改的状态显示。

"变形"组

仅在体内：只有位于体积内的顶点会变形。

所有顶点：将所有顶点变形，不管它们位于体积内部还是外部。

"控制点"组

重置：将所有控制点还原到它们的初始位置。

全部动画化：添加和删除关键点，并执行关键点操作。

与图形一致：将每一个FFD控制点移到修改对象的交叉点上。

内部点：仅控制受"与图形一致"影响的对象内部点。

外部点：仅控制受"与图形一致"影响的对象外部点。

偏移：受"与图形一致"影响的控制点偏移

对象曲面的距离。

4.3.4 弯曲修改器

弯曲修改器可以使物体产生弯曲效果。弯曲命令可以调节弯曲的角度和方向以及所依据的坐标轴向，还可以将弯曲修改限制在一定的区域之内。

在场景中选择模型，为模型施加弯曲修改器并设置参数，效果如图4-31所示。参数卷展栏如图4-32所示。

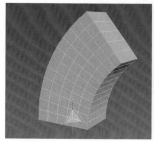

图4-31 弯曲修改器效果

图4-32
"参数"卷展栏

"弯曲"组

角度：用于设置沿垂直面弯曲的角度大小。

方向：用于设置弯曲相对于水平面的方向。

"弯曲轴"组

X、Y、Z：用于指定将被弯曲的轴。

"限制"组

限制效果：勾选此选项，将为对象指定限制影响区域。

上限：设置弯曲的上限，在此限度以上的区域将不会受到弯曲影响。

下限：设置弯曲的下限，在此限度与上限之间的区域都将受到弯曲影响。

4.3.5 案例：拱形桥的制作

案例学习目标：使用挤出修改器、弯曲修改器制作拱形桥。

案例知识要点：使用二维样条线创建拱形桥的剖面，添加挤出修改器转换为三维模型，运用可编辑多边形对模型合理分段，最后通过弯曲修改器，实现拱形桥的变形效果。

效果所在位置：本书配套文件包>第4章>案

例：拱形桥的制作。

① 单击"（创建）>（图形）>线"按钮（图4-33），在前视图中单击鼠标左键，确定线的起点，移动光标到适当位置并单击鼠标左键，创建第2个顶点，按照同样的操作，生成一个截面图形，按住键盘上的Shift可以创建直线（图4-34）。

图4-33　创建线

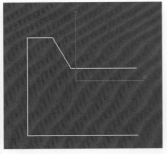
图4-34　创建线剖面图形

② 选择样条线，单击工具栏面板上的 镜像按钮，弹出如图4-35所示的镜像对话框，单击工具栏面板上的（捕捉）按钮，弹出如图4-36所示的栅格和捕捉设置对话框，移动复制的图形到合适的位置，得到如图4-37所示的效果。

图4-35　镜像设置　　图4-36　栅格和捕捉设置

图4-37　镜像后的线条效果

③ 选择其中的一条样条线，在"几何体"卷展栏中，选择"附加"命令（图4-38），将断开的线条合并为一条线条，然后选择线的顶点层级（图4-39），选择中间断开的两个点，在修改面板中单击 焊接 1.0 ，将断开的顶点合并在一起。

图4-38　附加面板

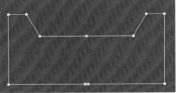
图4-39　顶点焊接

④ 选择焊接顶点后的样条线，在"修改器列表"中，选择挤出修改器，设置修改挤出的参数（图4-40），最后得到的效果如图4-41所示。

图4-40　挤出　　　图4-41　挤出修改器效果
修改器参数

⑤ 选择挤出修改器得到的三维模型，将其转换为"可编辑多边形"，单击右键，在弹出的

图4-42　四维　　　图4-43　
菜单中选择"连　　　设置
接"工具　　　　　分段参数

四维菜单中选择"连接"工具左边的操作框（图4-42），在弹出的操作框中设置参数，修改分段数为50（图4-43）。

⑥ 连接后的模型效果如图4-44所示，在"修改器列表"中，选择弯曲修改器，弹出如图4-45所示的修改面板中，修改角度为180°，方向为90°。

⑦ 点击Shift+Q进行快速渲染，最终效果如图4-46所示。

图4-44　连接后的效果

图4-45　设置弯曲参数　图4-46　最终渲染效果

4.4 ▶ 可编辑多边形建模

可编辑多边形建模是3ds Max中建模的重要方式。它的编辑对象主要是三维模型（图4-47）。可编辑多边形建模在功能和使用上几乎和"可编辑网格"是一致的，不同的是"可编辑网格"是由三角形面构成的网格结构，而可编辑多边形对象既可以是三角网格模型，也可以是四边网格模型，其功能比"可编辑网格"强大，这是3ds Max软件区别于其他三维软件的重要特征之一。

"可编辑多边形"包含五个子对象层级：顶点、边、边界、多边形和元素。"可编辑多边形"有各种控件，可以在不同的子对象层级对多边形模型进行操作。具体的使用方法：创建或选择对象 > 点击右键弹出四维菜单 > "转换为" > "转换为可编辑多边形"（图4-48）。

要注意的是，"可编辑多边形"与修改器列表中的"编辑多边形"修改器的大部分功能相同，但它的"细分曲面""细分置换"卷展栏等与"编辑多边形"又略有差异。此外，"编辑多边形"具有"模型"和"动画"两种操作模式。在"模型"模式下，可以使用各种工具进行多边形编辑；在"动画"模式下可以结合"自动关键点"或"设置关键点"工具对多边形的参数更改设置动画。

下面就具体讲解一下"可编辑多边形"的子

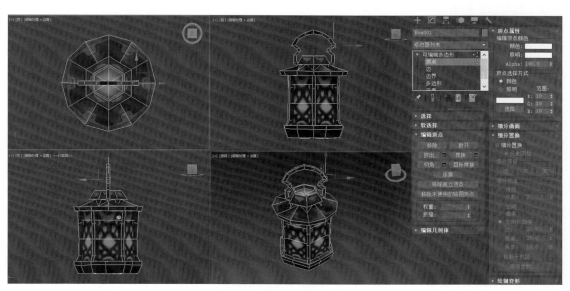

图4-47　使用可编辑多边形

图4-48 转换为可编辑多边形

图4-49 子物体层级

图4-50 "选择"卷展栏

对象层级（4.4.1）及常用的参数卷展栏（4.4.2～4.4.14）。

4.4.1 子物体层级

将模型转化为"可编辑多边形"后，在修改器堆栈中可以查看该模型的子物体层级（图4-49）。编辑多边形子物体层级介绍如下。

顶点：顶点是构成多边形对象的基础。当移动或编辑顶点时，它们形成的模型也会受影响。当进入"顶点"层级时，可以选择单个或多个顶点，使用移动、删除、焊接等工具进行修改。顶点可以独立存在，也可以用来构建其他几何体。在渲染时，顶点是不可见的。

边：边是连接两个顶点的线，形成多边形模型的"边"。当进入"边"层级时，选择一条和多条边后可以使用挤出、倒角、连接等操作。边不能由两个以上多边形模型共享。

边界：边界是多边形模型的线性部分，可以看作是"洞"的边缘。例如，长方体是封闭的，因此没有边界，但茶壶对象有若干边界，茶壶、壶身和壶嘴上有边界。当进入"边界"层级时，可选择一个和多个边界，然后对其使用封口、挤出、切角等操作。

多边形：由"边"围成的图形，即"面"的形式，是多边形建模的核心元素。通过对多边形进行插入、挤出、倒角等操作，可以制作出形态各异的模型造型。

元素：元素是两个或两个以上可组合为一个更复杂对象的单个网格对象，可以对元素进行附加、分离等操作。

4.4.2 "选择"卷展栏

（顶点）：进入"顶点"子对象层级，可在模型中选择顶点（图4-50）。

（边）：进入"边"子对象层级，可在模型中选择边。

（边界）：进入"边界"子对象层级，可在模型中选择构成孔洞边框的一系列边。

（多边形）：进入"多边形"子对象层级，可在模型中选择多边形。

（元素）：进入"元素"子对象层级，可在模型中选择元素。

按顶点：启用时，只有通过选择所用的顶点，才能选择子对象。

忽略背面：启用时，选择子对象将只选择朝向正面的对象。

按角度：启用时，选择一个多边形会基于复选框右侧的数字设置选择相邻多边形。

收缩：对所有可用方向内部缩小选择区域。

扩大：对所有可用方向外侧扩展选择区域。

使用"收缩"和"扩大"，可从当前选择的元素上添加或移除相邻元素（图4-51）。

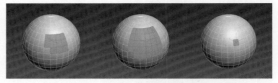

图4-51 已选择的面、使用"扩大"后的效果、使用"缩小"后的效果

：通过选择所有平行于对象的边来扩展边选择，只应用于边和边界选择。

> **提示** 可以快速选择环形边，方法是选择一条边，然后在按下 `Shift` 的同时单击同一环形中的另一条边。

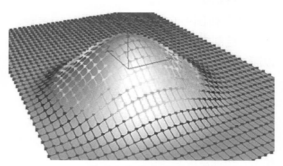（环形微调器）：微调器允许在任意方向选择相同环上的其他边，即相邻的平行边。

循环：通过选择垂直于选择对象的边来扩展边选择。图4-52是使用环形和循环后的效果的对比。

图4-52 已选择的边、使用"环形"后的效果、使用"循环"后的效果

> **提示** 可以在"顶点"和"多边形"子对象层级快速选择循环，方法是选择一个子对象，然后在按下 `Shift` 的同时，单击相同循环中另一个相同类型的子对象。

循环（循环微调器）：微调器允许在任意方向选择相同循环中的其他边，即相邻的对齐边。要以选定的方向展开选择，请在按下 `Ctrl` 的同时单击上或下微调器按钮。要以选定的方向收缩选择，请在按下 `Alt` 的同时单击上或下微调器按钮。

"预览选择"组

禁用：预览不可用。

子对象：仅在当前子对象层级启用预览。

多个：根据鼠标的位置，在"顶点"、

"边"和"多边形"子对象层级级别之间切换。

4.4.3 "软选择"卷展栏

通过"软选择"工具对子对象进行调整时，子对象的周边对象会产生平滑的过渡效果，这种过渡效果随着距离或部分选择的"强度"而衰减（图4-53），在视口中表现为选择周围对象的颜色渐变，以红、橙、黄、绿、蓝为主。红色子对象是选择的子对象，会绝对地响应操作。橙色子对象的阈值稍低一些，对操作的响应不如红色强烈。黄色子对象的阈值更低，然后是绿色。蓝色子对象实际上未被选择，软选择操作并不会对它们产生影响。

图4-53 软选择颜色和周围区域的效果

4.4.4 "软选择"参数卷展栏

"软选择"卷展栏如图4-54所示。

使用软选择：启用该选项后，可在子对象层级上进行"移动"、"旋转"和"缩放"操作，周围未选定的子对象会实现平滑的过渡效果。

边距离：启用该选项后，将软选择限制在指定的面数。

影响背面：启用该选项后，那些法线方向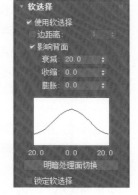

图4-54
"软选择"卷展栏

与选定子对象法线方向相反的面就会受到软选择的影响。

衰减：用以设定影响区域的距离，以当前单

位表示的从中心到边的距离。

收缩：随着参数的增加，沿着垂直轴缩小平滑效果。

膨胀：随着参数的增加，沿着垂直轴扩大平滑效果。

[软选择曲线]：以图形的方式显示"软选择"的工作状态。

明暗处理面切换 ：显示颜色渐变，它与软选择范围的权重相对应。

锁定软选择：锁定软选择，以防止对其进行更改。

"绘制软选择"组

界面如图4-55所示。"绘制软选择"可以通过在选择上拖动鼠标来明确地指定、模糊或还原软选择。

图4-55　绘制软选择组

绘制 ：在活动对象上绘制软选择。

模糊 ：软化现有绘制的软选择的轮廓。

复原 ：还原活动对象的软选择。

> **提示** "复原"仅会影响绘制的软选择，而不会影响正常意义上的软选择。同样，"复原"仅使用"笔刷大小"和"笔刷强度"设置，而不是"选择值"设置。

选择值：绘制软选择的最大相对选择值。笔刷半径内周围顶点的衰减值会趋向于0。默认设置为1.0。

笔刷大小：设置圆形笔刷的半径。

笔刷强度：设置绘制子对象的强度效果。

笔刷选项：打开"绘制选项"对话框，设置笔刷的相关属性。

4.4.5 "编辑顶点"卷展栏

"编辑顶点"卷展栏如图4-56所示。此卷展栏包含了用于编辑顶点的命令。

移除 ：删除选中的顶点。

> **提示** 若要删除顶点，可以选择顶点，然后按 Delete 键，但这样会在网格中创建孔洞。要删除顶点而不创建孔洞，需使用"移除"。

断开 ：将选定顶点创建为两个不连接的新顶点。

挤出 ：手动挤出顶点。

图4-56 "编辑顶点"卷展栏

■（挤出设置）：打开操作框，通过交互式操作执行挤出。

焊接 ：对指定的范围内选定的连续顶点进行合并（图4-57）。

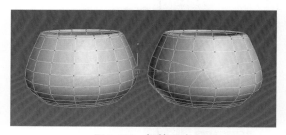

图4-57　焊接顶点

■（焊接设置）：打开操作框指定焊接阈值。

切角 ：对顶点实现切角效果。选定多个顶点进行切角，可以实现同样的切角效果（图4-58）。

■（切角设置）：打开操作框指定切角阈值。

（a）选择多个顶点

（b）切角的顶点

（c）启用"打开"切角的顶点

图4-58 "切角"按钮的效果

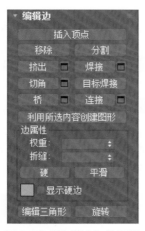

图4-59 "编辑边"卷展栏

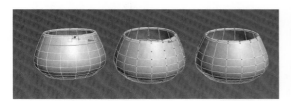

图4-60 选择边、标准移除操作、使用"Ctrl+移除"的移除操作

目标焊接 ：选择一个顶点焊接到相邻目标顶点。

连接 ：在选中的一对顶点之间创建新的边。

移除孤立顶点 ：将不属于任何多边形的所有顶点删除。

移除未使用的贴图顶点 ：自动删除错误的贴图顶点。

"权重"组

权重：设置选定顶点的权重。

4.4.6 "编辑边"卷展栏

"编辑边"卷展栏如图4-59所示，该卷展栏包括特定于编辑边的命令。

插入顶点 ：以手动方式细化边。

移除 ：删除选定边，效果如图4-60所示。

分割 ：沿着选定边分割网格。

挤出 ：在视口中手动挤出边。

■（挤出设置）：打开操作框，通过交互式操作执行挤出。

焊接 ：对指定的阈值范围内的选定边进行合并。

■（焊接设置）：打开操作框指定焊接阈值。

切角 ：为每个切角边创建两个或更多新边，效果如图4-61所示。

■（切角设置）：打开操作框指定切角阈值。

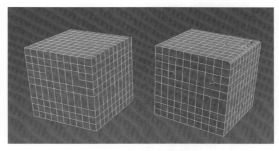

图4-61 切角操作

目标焊接：选择边并将其焊接到目标边。

桥：连接对象的边。桥只连接边界性质的边。

(桥设置)：打开操作框指定连接阈值。

连接：在选定的两条或多条边之间创建新边。

(连接设置)：打开操作框，通过交互式操作执行连接。

权重：设置选定边的权重。

折缝：指定选定的一条边或多条边的折缝范围。

编辑三角形：修改绘制内边或对角线时多边形细分为三角形的方式。

旋转：通过单击对角线修改多边形细分为三角形的方式。

4.4.7 "编辑边界"卷展栏

"编辑边界"卷展栏如图4-62所示，该卷展栏包括特定于编辑边界的命令。

挤出：通过直接在视口中操作边界进行手动挤出处理。

(挤出设置)：打开操作框，通过交互式操作执行挤出。

插入顶点：在该位置处添加顶点。

切角：对边界产生切角效果。

(切角设置)：打开操作框，通过交互式操作进行切角。

封口：使用单个多边形封住整个边界环。

桥：用"桥"多边形连接对象上的边界。

(桥设置)：打开操作框，通过交互式操作连接边界。

连接：在选定的两条或多条边之间创建新边。

(连接设置)：打开操作框，通过交互式操作连接边界。

4.4.8 "编辑多边形/元素"卷展栏

"多边形"子对象层级包含一些其他层级共用的命令和多边形特有的多个命令。"元素"子对象层级包含常见的多边形和元素命令。这两个层级都可用的命令包括"插入顶点""翻转""编辑三角剖分""重复三角算法""旋转"（图4-63）。

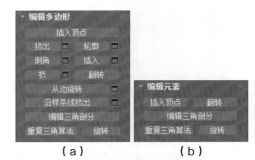

（a） （b）

图4-63 "编辑多边形""编辑元素"卷展栏

插入顶点：用于手动细分多边形。

挤出：执行手动挤出操作，效果如图4-64所示。

(挤出设置)：打开操作框，通过交互式操作执行挤出。

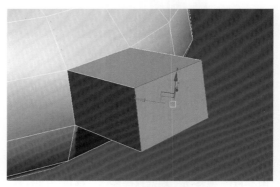

图4-64 挤出操作

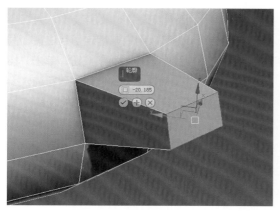

图4-65 轮廓操作

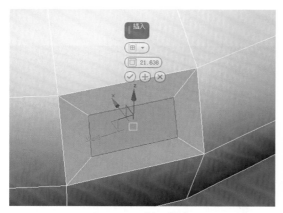

图4-66 插入操作

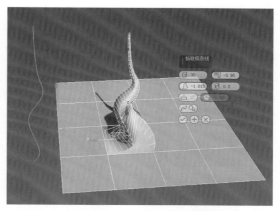

图4-67 沿样条线挤出

轮廓 ：增加或减小选定多边形的外边，效果如图4-65所示。

□（轮廓设置）：打开操作框，通过数值设置执行加轮廓操作。

倒角 ：执行手动倒角操作。

□（倒角设置）：打开操作框，通过交互式操作执行倒角处理。

插入 ：在选定多边形的平面内执行插入操作，如图4-66所示。

□（插入设置）：打开操作框，通过交互式操作插入多边形。

桥 ：连接对象上的两个多边形或选定多边形。

□（桥设置）：打开操作框，通过交互式操作连接选定的多边形。

翻转 ：翻转选定多边形的法线方向。

从边旋转 ：可以通过选择多边形的某一条边进行旋转。

□（转枢设置）：打开操作框，通过交互式操作旋转多边形。

沿样条线挤出 ：沿样条线挤出当前的选定内容，效果如图4-67所示。

□（沿样条线挤出设置）：打开操作框，通过交互式操作沿样条线挤出。

编辑三角剖分 ：通过绘制内边设置多边形细分为三角形的方式。

重复三角算法 ：对当前选定的多边形执行最佳的三角剖分操作。

旋转 ：对选定多边形的对角线进行旋转操作。

4.4.9 "编辑几何体"卷展栏

"编辑几何体"卷展栏如图4-68所示。

重复上一个 ：重复最近使用的命令。

"约束"组

可以使用现有的几何体约束子对象的变换。

无：没有约束。

边：约束子对象到边界的变换。

面：约束子对象到单个面曲面的变换。

法线：约束每个子对象到其法线的变换。

保持UV：启用此选项后，在编辑子对象的

同时，不影响对象的 UV 贴图。

（保留 UV 设置）：打开操作框，指定要保留的顶点颜色通道或贴图通道。

创建：创建新的几何体。

塌陷：将顶点焊接，使选定子对象产生合并（图4-69）。

附加：可以附加任何类型的对象。

（附加列表）：打开操作框，用于选择多个要附加的对象。

图4-68 "编辑几何体"卷展栏

分离：将选定的子对象或多边形分离成新对象或元素（图4-70）。

（分离设置）：打开操作框，设定分离选项。

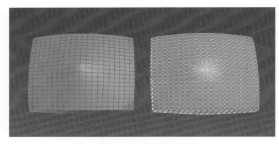

图4-69 顶点塌陷后效果

图4-70 分离对话框图片

"切割和切片"组

使用这些类似小刀的工具，可以沿着平面（切片）或在特定区域（切割）内细分多边形网格。

切片平面（仅限子对象层级）：为切片平面创建Gizmo，可以用它来指定切片位置。同时启用"切片"和"重置平面"按钮，单击"切片"可在平面与几何体相交的位置创建新边。

分割：启用时，通过"快速切片"和"切割"操作，可以在划分边的位置创建两个顶点集，以便轻松地创建新多边形的边，还可以将新多边形作为单独的元素设置动画。

切片（仅限子对象层级）：在切片平面位置处执行切片操作，效果如图4-71中右图所示。只有启用"切片平面"时，才能使用该选项。

图4-71 执行切片操作

重置平面（仅限子对象层级）：将"切片"平面恢复到默认位置和方向。只有启用"切片平面"时，才能使用该选项。

快速切片：不通过切片平面而将对象快速切片。

切割：创建一条连接两条边的直线，或在多边形内创建边。

网格平滑：对当前对象实现网格平滑效果。

（网格平滑设置）：打开操作框，指定平滑的应用方式。

细化：根据细化设置细分对象中的所有多边形。

（细化设置）：打开操作框，指定网格的细分方式。

平面化：强制所有选定的子对象变成一个平面。

X Y Z：使该平面与对象的局部坐标系

中的相应平面对齐。

视图对齐：使对象中的所有顶点与活动视口所在的平面对齐。

栅格对齐：将选定对象的所有顶点与当前视图的法线平面对齐，并将其移动到该平面上。

松弛：起到松弛对象的效果。

■ （松弛设置）：打开操作框，指定松弛功能的应用方式。

隐藏选定对象（仅限于顶点、多边形和元素层级）：隐藏选定的子对象。

全部取消隐藏（仅限于顶点、多边形和元素层级）：将隐藏的子对象恢复为可见。

隐藏未选定对象（仅限于顶点、多边形和元素层级）：隐藏未选定的子对象。

命名选择（仅限子对象层级）：用于复制和粘贴对象之间的子对象的命名选择集。

复制：打开一个对话框，指定放置在复制缓冲区中的命名选择集。

粘贴：从复制缓冲区中粘贴命名选择。

删除孤立顶点：启用时，删除子对象的孤立顶点。禁用时，删除子对象会保留所有顶点。

完全交互：切换"快速切片"和"切割"工具。

4.4.10 "多边形：材质ID" 卷展栏

"多边形：材质ID"卷展栏如图4-72所示。

设置ID：用于向选定的多边形分配特殊的材质ID编号，以供与多维/子对象材质和其他应用一同使用。使用时，可用微调器或键盘输入数字。可用的ID总数是65535。

图4-72 "多边形：材质ID"卷展栏

选择ID：选择右侧ID微调器中指定的多边形。在该ID微调器中输入ID数字，然后单击"选择ID"按钮，即可选中属于该ID的多边形。

[按名称选择]：如果对象指定了多维/子对象

材质，此下拉列表将显示子材质的名称。单击下拉箭头，然后从列表中选择某个子材质，此时将会选中分配该材质的子对象。

提示 子材质名称是那些在该材质的"多维/子对象基本参数"卷展栏的"名称"列中指定的名称；这些名称不是在默认情况下创建的，因此，必须使用任意材质名称单独指定。

清除选定内容：启用时，如果选择新的ID或材质名称，将会取消选择以前选定的所有子对象。默认设置为启用。

4.4.11 "多边形：平滑组" 卷展栏

"多边形：平滑组"卷展栏如图4-73所示，使用这些控件，可以向不同的平滑组分配选定的多边形，还可以按照平滑组选择多边形。

图4-73 "多边形：平滑组"卷展栏

按平滑组选择：显示说明当前平滑组的对话框。通过单击相应的数字按钮并单击"确定"，选择属于一个组的所有多边形。

清除全部：从选定的多边形中删除所有的平滑组效果。

自动平滑：根据选定多边形的角度设置平滑组。

阈值（位于"自动平滑"的右侧）：指定相邻面的法线之间的最大角度。

4.4.12 "细分曲面" 卷展栏

"细分曲面"卷展栏如图4-74所示。将细分效果应用于模型对象，对面数较低的模型实现更为平滑的细分结果。该卷展栏既可以在所有子对象层级使用，也可以在对象层级使用。

平滑结果：对所有的多边形应用相同的平滑组。

使用NURMS细分：通过NURMS方法应用平滑。

等值线显示：仅显示等值线，即对象在进行光滑处理前的原始边缘。使用此项的好处是减少混乱的显示。

显示框架：切换显示可编辑多边形对象的两种颜色线框的显示。框架颜色显示为复选框右侧的色样。第一种颜色表示未选定的子对象，第二种颜色表示选定的子对象。

图4-74　"细分曲面"卷展栏

"显示"组

迭代次数：设置平滑多边形对象时所用的迭代次数。每个迭代次数都会使用上一迭代次数生成的顶点生成所有多边形。

> **提示**　增加迭代次数时要格外谨慎。对每个迭代次数而言，对象中的顶点和多边形数（包括计算时间）增加为原来的4倍。因此，如果对复杂对象应用4次以上迭代，计算机会花费很长时间来进行计算。若要停止计算并恢复为上一次的迭代次数设置，请按 `Esc` 键。

平滑度：添加多边形使其顶点更加平滑。如果值为0.0，将不会创建任何多边形。如果值为1.0，将会向所有顶点中添加多边形。

"渲染"组

渲染时，将不同数目的平滑迭代次数或不同的"平滑度"应用于对象。

迭代次数：选择渲染时应用于对象的平滑迭代次数。

平滑度：选择渲染时应用于对象的平滑度值。

> **提示**　建立模型时，请使用较少的迭代次数或较低的"平滑度"值；渲染时，请使用较高的值。这样，可在视口中迅速处理低分辨率对象，同时生成更平滑的对象以供渲染。

"分隔方式"组

平滑组：防止在面间的边处创建新的多边形。

材质：防止为不同"材质ID"的边创建新多边形。

"更新选项"组

设置手动或渲染时更新选项，适用于对象的复杂度过高而不能应用自动更新的情况。

始终：更改任意"平滑网格"设置时自动更新对象。

渲染时：只在渲染时更新对象的视口显示。

手动：直到单击"更新"按钮，更改的任何设置才会生效。

更新：更新视口中的对象，使其与当前的"网格平滑"设置匹配。

4.4.13 "细分置换"卷展栏

"细分置换"卷展栏如图4-75所示，可用于细分可编辑多边形对象的曲面近似设置。

细分置换：启用时，将多边形进行细分，以精确地置换多边形对象。禁用时，如果移动现有的顶点，多边形将会发生位移。

图4-75　"细分置换"卷展栏

分割网格：启用时会将多边形对象分割为各个多边形，然后使其发生位移，这有助于保留纹理贴图。

"细分预设"组

用于选择低、中或高质量的预设曲面近似

值。选择预设值时，使用的值将会显示在"细化方法"组中。

低：选择低质量（相对）曲面近似。

中：视口和渲染的默认值，选择质量中等的曲面近似。

高：选择质量高的曲面近似。

"细分方法"组

规则：根据U向步数与V向步数通过曲面生成固定的细化。

步数：根据U向步数或V向步数生成自适应细化。

空间：生成由三角形面组成的细化。

曲率：根据曲面的曲率生成可变的细化。

空间和曲率：通过"边""距离""角度"3个值形成精确的细化效果。

边：参数可以在细化时指定三角形的最大边长。

距离：参数可以指定近似值偏离实际NURBS曲面的远近程度。

角度：参数可以在计算近似值时指定各面之间的最大角度。

依赖于视图：启用时，在计算细化时考虑对象到摄影机的距离。

高级参数...：单击时，可以显示"高级曲面近似"对话框。

4.4.14 "绘制变形"卷展栏

"绘制变形"卷展栏如图4-76所示。"绘制变形"可以在对象曲面上拖动鼠标光标来影响顶点。在子对象层级上，它仅会影响选定的顶点（或属于选定子对象的顶点）并自动识别软选择。

"绘制变形"有3种操作模式："推/拉""松弛""复原"。一次只能激活一个模式，下方的参数设置用以控制处于活动状态的变形模式的效果。

图4-76 "绘制变形"卷展栏

推/拉：将顶点移入对象曲面内（推）或移出曲面外（拉）。推拉的方向和范围由"推/拉值"设置所确定。

> **提示** 要在绘制时反转"推/拉"方向，可以按住 Alt 键。"推/拉"支持子对象中软选择设置的衰减效果。

松弛：将每个顶点移到由它邻近顶点的平均位置，将靠得太近的顶点推开，或将离得太远的顶点拉近。

复原：可以逐渐"擦除"或反转"推/拉"或"松弛"的效果，仅影响从最近的操作变形的顶点。

"推/拉方向"组

用以指定对顶点的推或拉是根据曲面法线、原始法线或变形法线进行，还是沿着指定轴进行。

原始法线：对顶点的推或拉会使顶点向变形之前的法线方向进行移动。

变形法线：对顶点的推或拉会使顶点按其现在的法线方向进行移动。

变换轴X、Y、Z：对顶点的推或拉会使顶点沿着指定的轴进行移动，并使用当前的参考坐标系。

推/拉值：确定单个推/拉操作应用的方向和最大范围。正值将顶点"拉"出对象曲面，而负值将顶点"推"入曲面。默认设置为10.0。

笔刷大小：设置圆形笔刷的半径。只有在笔刷半径内的顶点才可以变形。默认设置为20.0。

笔刷强度：设置笔刷应用"推/拉"值的速率。范围为0.0～1.0。默认设置为1.0。

笔刷选项：在对话框中可以设置各种笔刷相关的参数。

提交：使变形的更改永久化。在使用"提交"后，就不可以使用"复原"。

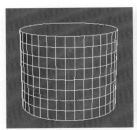

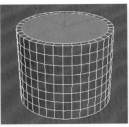

| 图4-77 圆柱体创建 | 图4-78 圆柱体参 | 图4-79 插入面后的 | 图4-80 选择 | 图4-81 |
| 效果 | 数设置 | 效果 | "挤出"命令 | 挤出参数 |

4.4.15 案例：水杯的制作

案例学习目标：通过可编辑多边形建模方法，能够熟练运用点、线、面的修改进行物体的编辑和修改。

案例知识要点：使用可编辑多边形中常用的"插入""挤出""连接"功能来完成水杯的制作。

效果所在位置：本书配套文件包>第4章>案例：水杯的制作。

① 单击"➕（创建）>⚪（几何体）>标准基本体>圆柱体"按钮，在视图中生成一个圆柱体，创建效果如图4-77所示，设置半径为50，高度为85，边数为36（图4-78）。

② 选择圆柱体，将其转换为可编辑多边形，在修改器堆栈中选择多边形层级，选择圆柱体的顶面，选择"插入"命令，在原来的面上插入一个新面（图4-79）。

③ 在物体的面层级下，选择圆柱体顶面刚插入的面，在"编辑多边形"面板中选择"挤出"命令（图4-80），分别挤出2次，第1次挤出的高度为-15，第2次挤出的高度为-75（图4-81）。

④ 选择多边形侧面的两个面，使用"挤出"命令，在X轴方向连续挤出3次，得到如图4-82所示的效果。

⑤ 选择最后一次挤出的杯子把内壁相对的两个面，选择"桥"命令，将两个对立的面进行连接，效果如图4-83所示，然后选择顶点层级，对于物体的点进行调整，得到如图4-84所示的效果。

选择面

第1次挤出

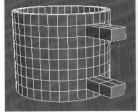
第2次挤出

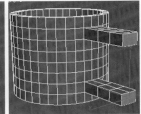
第3次挤出

图4-82 使用"挤出"命令

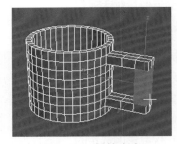

图4-83 桥接命令

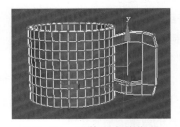

图4-84 调整顶点的位置

图4-85　连接边命令

图4-86　顶点层级

图4-87　最终渲染效果

⑥ 进入到线层级，框选杯柄周围的所有线，选择"连接边"命令，弹出如图4-85所示的对话框，连接一条边。然后进入物体的点层级，对点的位置进行调节，使杯子的把手位置有一定的弧度（图4-86）。

⑦ 在修改器列表中为模型添加"网格平滑"修改器，点击Shift+Q键进行快速渲染，最终渲染效果如图4-87所示。

4.5 ▶ 课堂实训：桌椅组合的制作

实训目标：综合运用可编辑多边形建模的方法，通过多边形子层级点、线、面的工具进行模型的编辑和创建。

实训要点：使用可编辑多边形中常用的"插入""挤出""连接"功能来完成桌椅的制作。

效果所在位置：本书配套文件包>第4章>案例：桌椅组合的制作。

① 单击"✚（创建）>◯（几何体）>标准基本体>长方体"按钮，在视图中创建一个长方体，参数如4-88所示，生成长方体效果如图4-89所示。

② 选择创建的长方体，将长方体转化为"可编辑多边形"，进入可编辑多边形的边层级，选择中间的2条线，点击右键在弹出的四维菜单中使用"连接"命令，调整参数如图4-90所示，调整后效果如图4-91所示。

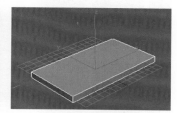

图4-88　设置长方体参数　　图4-89　创建长方体效果

③ 同样，再次使用"连接"命令，继续在多边形的边层级插入新的线，并移动到合适位置（图4-92），同理，选择长方体另外的边，继续使用"连接"命令添加线，最终效果如图4-93所示。

④ 进入可编辑多边形的多边形层级，然后选择底面周围四个边角的多边形（图4-94），单击右键，在弹出的四维菜单中选择挤出命令，修改参数为45，这样，桌腿就制作完成（图4-95）。

⑤ 进入物体的边层级，框选桌腿周围所有的线，使用"连接"命令，修改连接边的参数为2（图4-96），并按照步骤3的操作，将边的位置移动到合适的位置，为后期桌腿中间横梁的结构

图4-90　设置参数

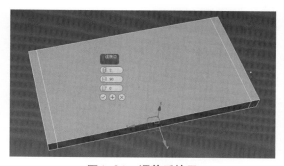

图4-91　调整后效果

连接做准备（图4-97）。

⑥ 进入面层级，选择相邻桌腿的两个面，在编辑修改中选择"桥"命令，参数调整如图4-98所示，然后继续选择另外两个相对的面，继续选择"桥"命令，调整参数如图4-99所示。

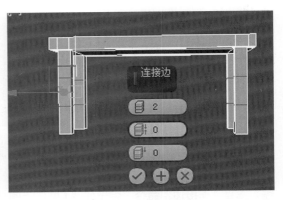

图4-96 连接边的参数

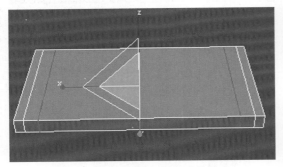

图4-92 插入第2条循环边的效果

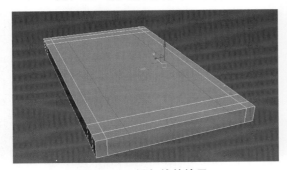

图4-93 添加线的效果

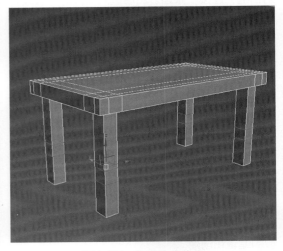

图4-97 移动边的位置

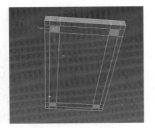

图4-94 选择多边形

图4-98 桥接面的参数设置（1）

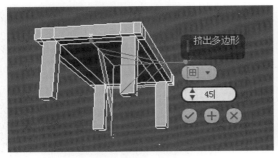

图4-95 设置挤出参数

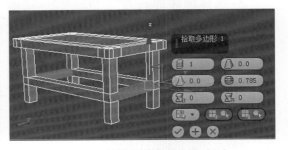

图4-99 桥接面的参数设置（2）

⑦ 接下来制作凳子模型，可在桌子模型的基础上修改凳子的模型。选择桌子模型，按住键盘上的Shift键拖动鼠标，弹

图4-100　克隆选项对话框

出克隆选项对话框（图4-100），通过缩放命令，修改形状得到如图4-101所示的效果。

⑧ 选择凳子模型，在面层级下，选择顶面靠背位置的一排面，通过二次挤出命令，得到如图4-102所示的效果，再通过复制命令，得到另外一个凳子的模型（图4-103）。同时选择这两个凳子，使用工具栏上的 （镜像）按钮，弹出如图4-104所示的对话框，选择Y轴方向，将偏移量设置为200，进行复制，得到如图4-105所示的效果。

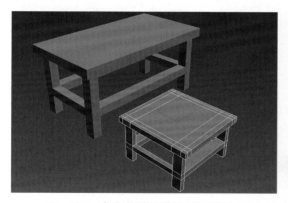

图4-101　复制修改调节后凳子的形态

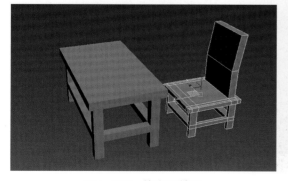

图4-102　挤出面效果

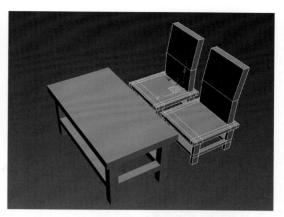

图4-103　复制凳子的效果

图4-104　镜像参数

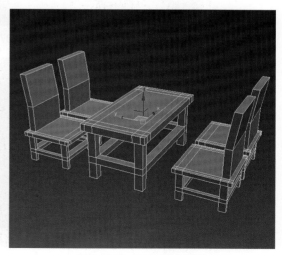

图4-105　镜像后的效果

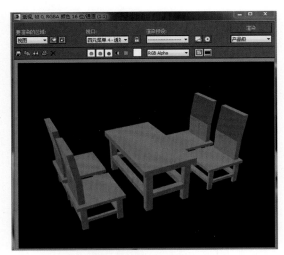

⑨ 调整细节和位置，按Shift+Q键进行快速渲染，最终渲染效果如图4-106所示。

图4-106 最终渲染效果

课后习题

使用可编辑多边形中常用的"插入""挤出""连接""倒角""切割"功能来完成头像的建模。布线流程可参考图4-107，添加网格平滑后的效果如图4-108。操作步骤及最终效果文件见本书配套文件包>第4章>课后习题：头像建模。

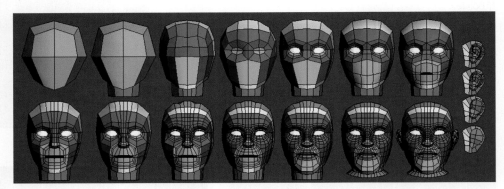

图4-107　头像建模和布线流程

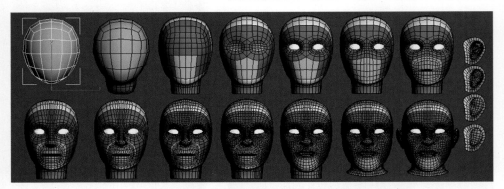

图4-108　头像建模网格平滑后的效果

第**5**章

材质、贴图与渲染

本章内容 重点介绍3ds Max的材质编辑器，对各种常用的材质类型进行详细解说。通过本章的学习，希望读者可以融会贯通，对材质类型的特性要有较深入的认识和了解，制作出具有想象力的图像效果。

学习目标 了解三维动画的材质类型；熟悉三维动画的常用材质类型；掌握三维动画的常用贴图设置及应用；掌握三维动画的渲染器设置及应用。

5.1 ▶ 材质编辑器

真实世界中的物体都有自身的表面特征，如玻璃的透明，不同金属的光泽度，石材的不同颜色、纹理等。在3ds Max 2020中创建好模型后，可以使用材质编辑器来准确、逼真地表现物体不同的色彩、光泽和质感特征等。其中，可以将材质应用到单个的对象或选择集，同时，单个场景可以包含许多不同的材质。需要注意的是，设置材质效果时还需要设置模型对象如何反射或折射灯光（图5-1），这样才使场景更加具有真实感。因此，在材质的制作中，材质属性与灯光属性是相辅相成的，需要相互协调配合才能模拟出对象在真实物理世界中的效果。单击工具栏中的（材质编辑器）按钮或按M键，都会弹出"材质编辑器"窗口。

在3ds Max 2020中有两个材质编辑器界面，分别对应两种材质编辑器。

① （精简材质编辑器）：在 3ds Max 2011 发布之前，3ds Max的材质编辑器即精简材质编辑器，如图5-2（a）所示。它的对话框中包含各种材质的快速预览。如果要赋予模型已经设计好的材质，那么精简材质编辑器则可以快速实现效果。

② ▧（石板材质编辑器）：在3ds Max

图5-1 夜晚场景渲染效果

2011 发布时，3ds Max的材质编辑器中添加了石板材质编辑器，如图5-2（b）所示。在该对话框中，材质和贴图可以关联在一起，并以材质树的节点表示。如果要设计新材质，则石板材质编辑器尤其方便，特别是它的搜索工具，可以更好地管理具有大量材质的场景。

切换材质编辑器类型时，可以在材质编辑器菜单中点击"模式"，将会弹出精简材质编辑器与石板材质编辑器的切换选择（图5-3）。在本书中的编辑器讲解和案例制作，主要以精简材质编辑器为例。

5.1.1 材质示例窗

在精简材质编辑器对话框中，材质示例窗是

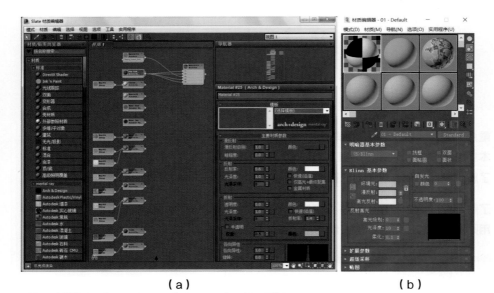

（a）   （b）

图5-2　两种材质编辑器

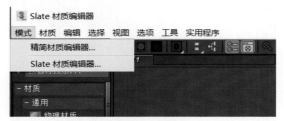

图5-3　材质编辑器的切换

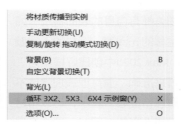

图5-4　显示模式调整面板

用于显示材质效果的窗口，每个方格中的材质球都代表一个材质。材质设置的颜色、反光、透明效果都会在材质示例窗中显示出来，编辑好的材质必须赋予模型对象才能有效。

　　材质示例窗共有24个，3ds Max 2020提供了3种显示模式，默认状态下按照3×2模式显示（图5-4）。

　　如果想恢复材质球的初始状态，可以在材质编辑器的菜单栏中选择"材质>重置示例窗旋转"命令（图5-5），材质球即可回到初始的空白状态。

　　如果需要查看材质球的放大效果，可以双击材质球，会弹出一个浮动窗口，用于单独显示该材质球。点击一下浮动窗口左上角的"自动"，浮动窗口的材质就会与材质框中的材质实现同步

图5-5　材质菜单

展示（图5-6）。拖拽浮动窗口的边框，可以放大或缩小浮动窗口。

图5-6　材质球放大效果

此外，选中一个材质球，如果按住鼠标左键不放拖拽到其他材质球上，可以得到一个相同材质效果的材质球。

5.1.2　材质编辑器工具栏

材质编辑器的工具栏可分为水平工具栏和垂直工具栏两部分。工具栏中包含了进行材质处理的快捷按钮（图5-7、图5-8）。

（获取材质）：单击该按钮，会弹出"材质/贴图浏览器"窗口，可以从中选择材质和贴图。

（将材质放入场景）：单击该按钮，可在编辑材质之后更新场景中的材质。

图5-7　水平工具栏

图5-8　垂直工具栏

> **提示** （将材质放入场景）仅在两种情况下可用，即活动示例窗口中的材质与场景中的材质具有相同的名称；活动示例窗口中的材质不是热材质。

（将材质指定给选定对象）：将示例窗中的材质赋予被选择的物体，赋予后该材质会变为同步材质。

（重置贴图）：将当前编辑的材质恢复到初始状态。

（生成材质副本）：通过复制自身材质，生成材质副本冷却当前示例窗。

（使唯一）：可以使关联材质成为独立的材质。

（放入库）：可以将选定的材质添加到材质库中。

（材质ID通道）：材质ID值等同于对象的G缓冲区值，表示将使用此通道ID的Video Post或渲染效果应用于该材质。

（在视图中显示贴图）：单击该按钮可在场景中显示该材质的效果。

（显示最终效果）：启用时，示例窗将显示材质树中明暗器和所有贴图的组合。禁用时，示例窗只显示材质的当前层级效果。

（转到父对象）：单击该按钮可以将当前材质向上移动一个层级。

（转到下一个同级项）：单击该按钮将移动到当前材质中相同层级的下一个贴图或材质。

（采样类型）：使用该按钮可以选择要显示在活动示例中的几何体（图5-9）。

（背光）：启用时，可将背光添加到活动示例窗中。图5-10左图所示为启用，右图为未启用。

图5-9　采样类型

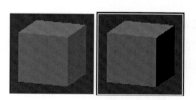

图5-10　背光开启后的不同

（背景）：单击该按钮可以显示彩色的棋盘格背景。

（采样UV平铺）：可以调整采样对象上的贴图重复效果。

（视频颜色检查）：检查对象上的材质颜色是否超过安全NTSC或PAL阈值。

（生成预览）（播放预览）（保存预览）：生成预览会打开"创建材质预览"对话框，创建动画.avi文件（图5-11）；播放预览使用Windows Media Player播放.avi预览文件；保存预览将.avi预览以另一名称的.avi文件形式保存。

（选项）：此按钮打开"材质编辑器选项"对话框，控制示例窗中的材质和贴图如何显示（图5-12）。

（按材质选择）：单击该按钮弹出"选择对象"对话框，蓝色部分是被赋予当前材质的物体，单击"选择"按钮，即可选择这些物体。

（材质/贴图导航器）：单击此按钮弹出导航器，可以提供材质中贴图的层次或复合材质中子材质的快速导航（图5-13）。

（从对象拾取材质）：单击该按钮，鼠标光标变为吸管形状，将光标移到具有材质的物体上，单击鼠标左键，该物体的材质会被吸取到当前的材质球中。

Standard ：单击该按钮会弹出"材质/贴图浏览器"窗口，从中可选择各种材质和贴图类型。

5.2 ▶ "材质编辑器"卷展栏

3ds Max 2020的材质编辑器卷展栏由"明暗器基本参数""Blinn基本参数""扩展参数""超级采样""贴图"卷展栏组成，下面对其中比较重要的4个卷展栏进行介绍。

5.2.1 "明暗器基本参数"卷展栏

"明暗器基本参数"卷展栏决定了材质采用何种明暗方式及渲染形态表现。

[明暗方式下拉列表]：用于选择材质的渲染属性，提供了8种渲染属性（图5-14）。其中"Blinn""金属""各向异性""Phong"

图5-11 "创建材质预览"对话框

图5-12 "材质编辑器选项"对话框

图5-13 "材质/贴图导航器"对话框

图5-14 材质的渲染属性

是比较常用的材质渲染属性。

Blinn：以光滑方式进行渲染，可以表现大部分物体的物理属性和效果，是软件的默认选项。

金属：专用金属材质，可表现出金属的强烈反光效果。

各向异性：多用于曲面的物体，能很好地表现出塑料、陶瓷和粗糙金属的效果。

Phong：以光滑方式进行表面渲染，易表现柔和的材质，如玻璃、塑料等。

多层：具有两组高光控制选项，能产生更复杂的高光效果，适合做抛光的表面效果等，如缎纹、丝绸、光芒四射的油漆等效果。

Oren-Nayer-Blinn：是"Blinn"渲染属性的变种，适合表面较粗糙的物体，如织物、地毯等效果。

Strauss：属性与"金属"相似，多用于表现金属，如光泽的油漆、光亮的金属等效果。

半透明明暗器：多用于表现光线穿过的半透明物体，如窗帘、投影屏幕或者具有图案的玻璃效果。

"明暗器基本参数"卷展栏中的右侧是用于设置材质的渲染形态，具体如下。

线框：勾选该选项后，将以网络线框的方式对物体进行渲染（图5-15）。

双面：勾选该选项后，将对物体的双面全部进行渲染（图5-16）。

面贴图：勾选该选项后，将材质赋予物体的所有面（图5-17）。

面状：勾选该选项后，将以面的方式渲染物

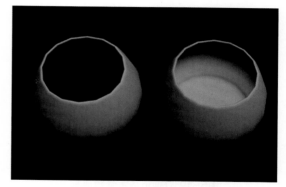

图5-16　双面渲染效果对比

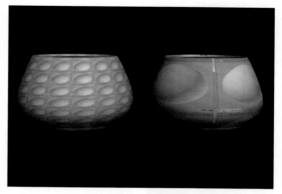

图5-17　面贴图渲染效果对比

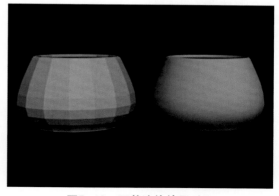

图5-18　面状渲染效果对比

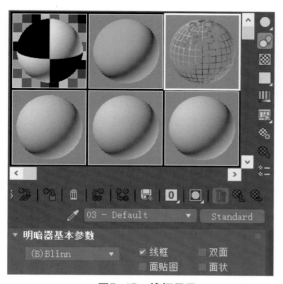

图5-15　线框显示

体（图5-18）。

5.2.2 "Blinn基本参数"卷层栏

"Blinn基本参数"卷层栏中的参数不是一直不变的，而是随着渲染属性的改变而改变，但大部分参数和使用方法是相同的。这里以常用的"Blinn"和"各向异性"为例来介绍参数面板中的参数。

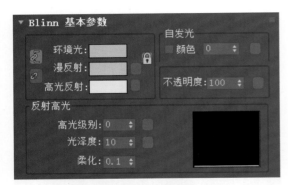

图5-19　Blinn基本参数面板

图5-20　"颜色选择器"对话框

图5-21　默认自发光数　图5-22　自发光变为颜
　　　　　值框　　　　　　　　　　色框

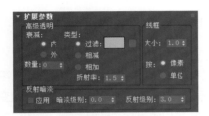

图5-23　各向异性基本参数面板

图5-24　"扩展参数"卷展栏

"Blinn基本参数"卷层栏如图5-19所示。

环境光：设置物体表面阴影区域的颜色。

漫反射：设置物体表面漫反射区域的颜色。

高光反射：设置物体表面高光区域的颜色。

单击这3个参数右侧的颜色框，弹出"颜色选择器"对话框（图5-20）。设置颜色后单击"确定"按钮即可。若单击"重置"按钮，设置的颜色将回到初始效果。对话框右侧用于设置颜色的RGB值，可以通过调整数值来设置颜色。

"自发光"组

使材质具有发光的效果，用于制作灯管、电视机屏幕的光源物体。在数值框中输入数值，此时"漫反射"将作为自发光色（图5-21），也可以选择左侧的复选框后将数值框变为颜色框，单击颜色框可以选择自发光的颜色（图5-22）。

不透明度：设置材质的不透明百分比值，默认值为"100"，表示完全不透明，值为"0"时，表示完全透明。

"反射高光"组

设置材质的反光强度和反光度。

高光级别：设置高光亮度，值越大，高光亮度就越大。

光泽度：设置高光区域的大小，值越大，高光区域越小。

柔化：具有柔化高光的效果，取值在0～1.0之间。

在明暗方式下拉列表框中选择"各向异性"方式，基本参数面板中的参数发生变化（图5-23）。

漫反射级别：控制材质的"环境光"颜色的亮度，改变参数值不会影响高光。

各向异性：控制高光的形状。

方向：设置高光的方向。

5.2.3　"扩展参数"卷展栏

"扩展参数"卷展栏如图5-24所示，其各选项的功能介绍如下。

"高级透明"组

这些控件影响透明材质的不透明度衰减。

衰减：选择在内部还是在外部进行衰减，以及衰减的程度。

内：向着对象的内部增加不透明度，类似在玻璃瓶中一样。

外：向着对象的外部增加不透明度，类似在烟雾中一样。

数量：设置内外衰减的数量，值越高材质越透明。

类型：为这些控件选择如何应用不透明度。

过滤：计算与透明曲面后面的颜色相乘的过滤色，单击色样可更改过滤颜色。

相减：从透明曲面后面的颜色中减除。

相加：增加到透明曲面后面的颜色中。

折射率：设置折射贴图和光线跟踪所使用的折射率。折射率用来控制材质对灯光的折射程度。1.0是空气的折射率，这表示穿过透明物体的对象不会产生扭曲。

"线框"组

设置线框的属性。

大小：设置线框模式中线框的大小，可以按照像素或者单位进行设置。

按：选择度量线框的方式。

像素：用像素度量线框。

单位：用单位度量线框。

"反射暗淡"组

这些控件使阴影中的反射贴图显得暗淡。

应用：勾选后启用"反射暗淡"效果。禁用该选项后，反射贴图就不会因为灯光的改变而受影响。

暗淡级别：设置阴影中的暗淡量。该值为0.0时，反射贴图在阴影中为全黑。该值为0.5时，反射贴图为半暗淡。该值为1.0时，反射贴图没有暗淡处理。默认设置为0.0。

反射级别：加大该值将提高漫反射的亮度，减小该值将降低漫反射的亮度。

5.2.4 "贴图"卷展栏

贴图是制作材质的重要工具，3ds Max 2020标准材质的贴图设置面板中提供了多种贴图通道

（图5-25）。每一种贴图通道都有其用处，通过贴图通道进行材质的赋予和编辑，能使模型具有真实的材质效果。

在"贴图"卷展栏中有部分贴图通道与前面基本参数面板中的参数对应，在"基本参数"面板中可以看到有些参数的右侧都有一个 █ 按钮，这和贴图通道中的 █无█ 按钮的作用是相同的，单击后都会弹出"材质/贴图浏览器"窗口（图5-26）。

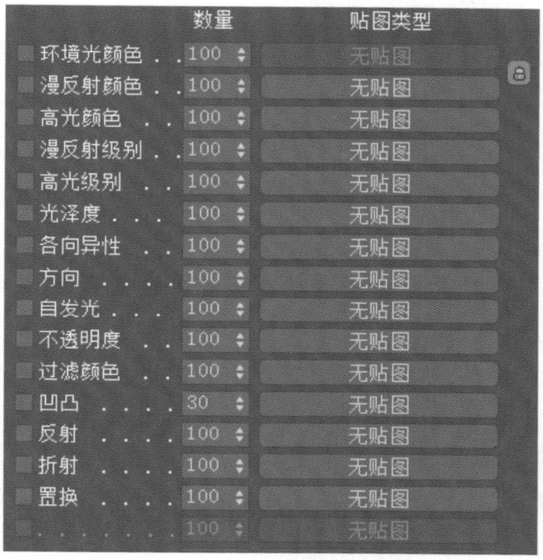

图5-25　贴图通道

图5-26　材质/贴图浏览器窗口

在"材质/贴图浏览器"窗口中可以选择贴图类型。下面先对贴图通道进行介绍。

环境光颜色：将贴图应用于材质的阴影区。在默认状态下该通道是被禁用的。

漫反射颜色：用于表现材质的纹理效果，是最常用贴图的通道，如图5-27（a）所示。

高光颜色：将材质应用于材质的高光区。

高光级别：与高光区贴图相似，但强度取决于高光强度的设置。

光泽度：控制物体高光区域贴图的光泽效果，如图5-27（b）所示。

自发光：将贴图以一种自发光的形式应用于物体表面。

不透明度：根据贴图的明暗在物体表面上产生透明效果，颜色深的地方透明，颜色浅的地方不透明，如图5-27（c）所示。

过滤色：根据贴图像素的深浅程度产生透明的颜色效果。

凹凸：根据贴图的颜色产生凹凸效果，颜色深的区域产生凹下效果，颜色浅的区域产生凸起效果，如图5-27（d）所示。

反射：用于表现材质的反射效果，如图5-27（e）所示，可以用来制作金属、镜面材质。

折射：用于表现材质的折射效果，常用于表现水、玻璃的折射效果，如图5-27（f）所示。

（a）漫反射颜色　（b）光泽度　（c）不透明度

（d）凹凸　　　（e）反射　　　（f）折射

图5-27　不同贴图通道的效果

5.2.5 案例：灯笼的制作

案例学习目标：使用材质编辑器来完成灯笼贴图的制作。

案例知识要点：通过材质编辑器中漫反射颜色、发光贴图等贴图通道的配合使用来完成灯笼贴图效果的制作。

效果所在位置：本书配套文件包>第5章>课堂案例>灯笼的制作。

① 双击"灯笼的制作_初始效果"文件，打开后效果如图5-28所示。

② 在工具栏中点击 [图标]（材质编辑器）按钮，打开材质编辑器。在"反射高光"组中设置"高光级别"和"光泽度"分别为70、50（图5-29）。

图5-28　灯笼初始效果

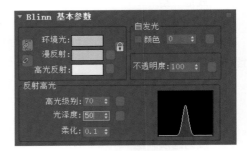

图5-29　设置参数

③ 打开"贴图"卷展栏，单击"漫反射颜色"后的灰色按钮，在弹出的对话框中选择"位图"贴图，单击"确定"按钮（图5-30）。在弹出的对话框中选择本书配套文件包>第5章>案例：灯笼的制作>灯笼的制作_初始效果中的贴图（图5-31）。

④ 进入位图贴图面板（图5-32）。在视图中选择灯笼模型，单击材质球下工具栏中的 [图标]（将材料指定给选定对象）按钮，将材质指定给场景中所选择的对象。再单击 [图标]（视图中显示贴图）按钮，此时在视图中就可以显示材质贴图效果了。

图5-30 选择"位图"贴图

图5-32 位图贴图面板

图5-31 选择贴图文件

⑤ 单击（转到父对象）按钮，回到贴图面板，单击漫反射贴图后的"贴图#2（灯笼.jpg）"不放，并拖到自发光后面的通道里，在弹出的"复制（实例）贴图"对话框中，选择"实例"，完成后效果如图5-33所示。

图5-33 实例粘贴贴图到自发光通道

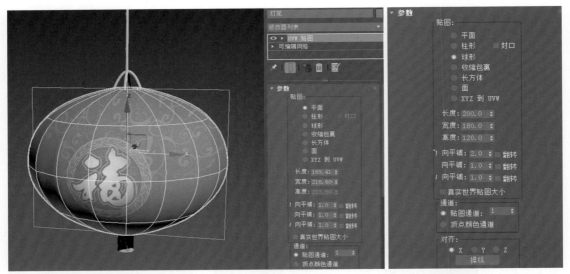

图5-34 添加"UVW贴图"修改器　　　　图5-35 修改"UVW贴图"修改器

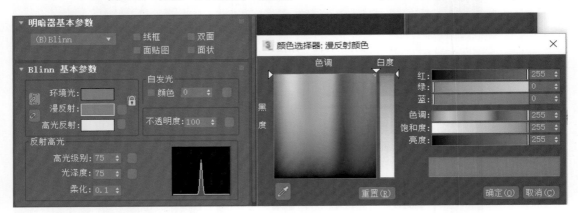

图5-36 设置绳子的颜色效果

图5-37 最终渲染效果

⑥ 在修改器列表中选择"UVW贴图"修改器，为模型添加该修改器（图5-34）。对修改器的参数进行修改（图5-35）。

⑦ 选择"绳子"模型，在材质球窗中选择一个未使用的材质，并在漫反射通道中设置为红色，同时修改高光级别和光泽度，参数调整如图5-36所示。

⑧ 单击 （渲染）按钮，快速渲染场景，效果如图5-37所示。

5.3 ▶ 常用材质

在精简材质编辑器的材质面板中单击"Standard"按钮,将在弹出"材质/贴图浏览器"面板中列出标准材质、复合材质等。下面介绍常用的几种材质。

5.3.1 多维/子对象材质

多维/子对象材质在3ds Max中应用广泛,主要应用是为几何体的子对象分配不同的材质(图5-38)。

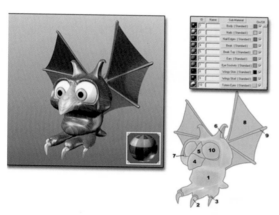

图5-38 多维/子对象材质效果

将材质转换为多维/子对象时弹出询问对话框(图5-39)。

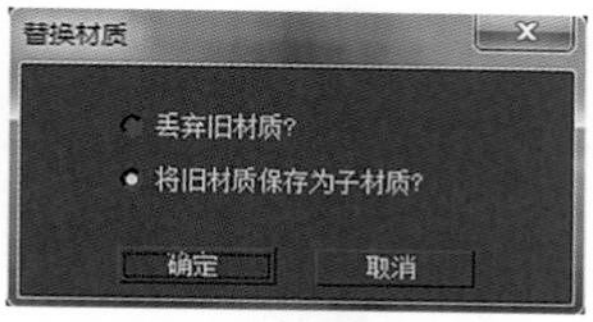

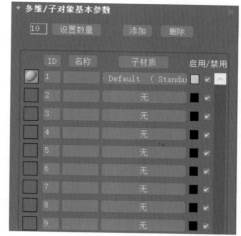

图5-39 替换材质对话框

"丢弃旧材质":将原有的材质丢弃掉,直接换为标准材质。

"将旧材质保存为子材质":将设置的材质转换为多维/子对象的子材质。

"多维/子对象"材质可以赋予几何体子对象不同的材质。首先创建"多维/子对象"材质,在视图中选中几何体对象并进入子层级,选择多边形、元素等,然后将"多维/子对象"材质中的子材质指定给选中的多边形、元素,或者为选定的面指定不同的材质ID号,并设置对应ID号的材质。图5-40所示为"多维/子对象基本参数"卷展栏。

图5-40 "多维/子对象基本参数"卷展栏

设置数量:设置拥有子级材质的数目。注意如果减少数目,会将已经设置的材质删除。

添加:添加一个新的子材质。新材质默认的ID号为当前最大的ID号加1。

删除:删除当前选择的子材质。

[ID]:单击后子材质ID号按升序排列。

[名称]:单击后按名称栏中指定的名称进行排序。

[子材质]:按子材质的名称进行排序。

5.3.2 混合材质

可以将两种不同的材质融合在几何体的同一面上(图5-41)。通过不同的融合度,控制两种

图5-41 混合材质效果

材质表现出的效果，并且可以制作成材质变形动画。将材质转换为"混合"材质后显示如图5-42所示的"混合基本参数"卷展栏。

材质1、材质2：单击右侧的空白按钮选择相应的材质。

遮罩：选择一张图片或程序贴图作为蒙版，利用蒙版的明暗度来决定两个材质的融合情况。

交互式：在视图中以平滑+高光方式交互渲染时，选择"材质1/材质2/遮罩"显示在几何体表面。

混合量：确定融合的百分比，对无蒙版贴图的两个材质进行融合时，依据它来调节混合程度。值为0时，材质1可见，材质2不可见；值为1时，材质1不可见，材质2可见。

混合曲线：控制蒙版贴图中黑白过渡区造成的材质融合的尖锐或柔和程度，专用于使用蒙版贴图的融合材质。

使用曲线：确定是否使用混合曲线来影响融合效果。

转换区域：分别调节上部和下部数值来控制混合曲线，两值相近时，会产生清晰尖锐的融合边缘；两值差距很大时，会产生柔和模糊的融合边缘。

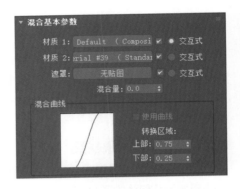

图5-42 "混合基本参数"卷展栏

图5-43 光线跟踪材质

5.3.3 光线跟踪材质

光线跟踪材质是一种比Standard材质更高级的材质类型，它不仅包括了标准材质具备的全部特征，还可以创建真实的反射和折射效果（图5-43），但渲染速度会变得更慢，并且还支持雾、颜色浓度、半透明、荧光灯等其他特殊效果。

（1）"光线跟踪基本参数"卷展栏

"光线跟踪基本参数"卷展栏如图5-44所示。

单击"明暗处理"下拉列表框，会发现光线跟踪材质只有5种明暗方式，分别是"Phong""Blinn""金属""Oren-Nayar-Blinn""各向异性"，这5种方式的属性和用法与标准材质中的是相同的。

环境光：与标准材质不同，此处的阴影色将决定光线跟踪材质吸收环境光的多少。

漫反射：决定物体高光反射的颜色。

发光度：依据自身颜色来决定发光的颜色，同标准材质中的自发光相似。

透明度：通过颜色过滤表现出透明效果。黑色为完全不透明，白色为完全透明。

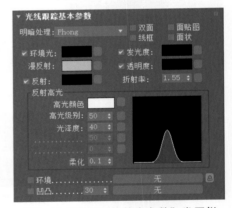

图5-44 "光线跟踪基本参数"卷展栏

折射率：决定材质折射率的强度。准确调节该数值能真实反映物体对光线折射的不同折射率。值为1时，表示空气的折射率；值为1.5时，是玻璃的折射率。

"反射高光"组

用于设置物体反射区的颜色和范围。

高光颜色：设置高光反射的颜色。

高光级别：设置反射光区域的范围。

光泽度：决定发光强度，数值为0～200。

柔化：对反光区域进行柔化处理。

环境：选中时，将使用场景中设置的环境贴图；未选中时，将为场景中的物体指定一个虚拟的环境贴图，并忽略在"环境"对话框中设置的环境贴图。

凹凸：设置材质的凹凸贴图，与标准类型材质中"贴图"卷展栏中的"凹凸"贴图相同。

（2）光线跟踪"扩展参数"卷展栏

"扩展参数"卷展栏中的参数用于对光线跟踪材质的特殊效果进行设置，参数卷展栏如图5-45所示。

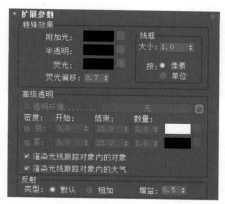

图5-45　"扩展参数"卷展栏

"特殊效果"组

附加光：模拟光从一个对象放射到另一个对象上的效果。

半透明：实现阴影投在薄对象表面的效果，用于制作类似于蜡烛或有雾的玻璃效果。

荧光和荧光偏移："荧光"使材质发出类似于黑暗中的荧光颜色。"荧光偏移"决定亮度的程度，1.0表示最亮，0表示不起作用。

"线框"组

大小：设置线框模式中线框的大小。可以设置像素或当前单位。

按：选择度量线框的方式。

像素：用像素度量线框。

单位：以3ds Max单位度量线框。

"高级透明"组

透明环境：用透明（折射）覆盖场景的环境贴图。

密度：作用于透明材质，如果材质不透明，该控件将没有效果。

颜色：根据厚度设置过渡色。

雾：使用不透明的自发光的雾填充对象。这种效果类似于在玻璃中弥漫的烟雾。

渲染光线跟踪对象内的对象：启用或禁用光线跟踪对象内部的对象渲染。

渲染光线跟踪对象内的大气：启用或禁用光线跟踪对象内部的大气效果渲染。大气效果包括火、雾、体积光等。

"反射"组

类型：组中控件可以更好地控制反射。

默认：选择"默认"选项时，将反射颜色添加到漫反射颜色。

相加：选择"相加"选项时，给漫反射颜色添加反射颜色。

增益：用于控制反射的亮度，取值范围为0～1。

5.3.4 双面材质

在对象内外表面分别指定两种不同的材质，并且可以控制它们的透明程度（图5-46）。双面材质基本参数卷展栏如图5-47所示。

图5-46　双面材质效果对比

图5-47　双面材质基本参数面板

半透明：设置一个材质在另一个材质上显示出的百分比效果。

正面材质：设置对象外面的材质。

背面材质：设置对象内表面的材质。

5.3.5 案例：骰子的制作

案例学习目标：使用多维/子对象材质来完成骰子的制作。

案例知识要点：通过可编辑多边形中材质ID的设置，再结合多维/子对象材质中贴图通道的使用来完成骰子的制作。

效果所在位置：本书配套文件包>第5章>课堂案例：骰子的制作。

① 单击"➕（创建）>⚪（几何体）>（长方体）"按钮，透视图中创建一个立方体，将长、宽、高的参数设置为100（图5-48），设置完成后的效果如图5-49所示。

图5-48　设置参数

② 选择立方体模型，点击鼠标右键，在弹出的四维菜单中将其转换为可编辑多边形，进入可编辑多边形的多边形层级，选择多边形的一个面（图5-50），在修改面板的"多边形：材质ID"卷展栏中，在"设置ID"选项中输入数字"1"并点击Enter键（图5-51）。

图5-51　设置ID选项参数

③ 按照上一步骤中的方法，分别选择多边形的其他几个面，并分别在"设置ID"选项中输入数字"2""3""4""5""6"，效果如图5-52所示。

④ 在工具栏中点击▦（材质编辑器）按钮，打开材质编辑器（图5-53）。点击 Standard 按钮，将会弹出"材质/贴图浏览器"，在材质列表中选择"多维/子对象"材

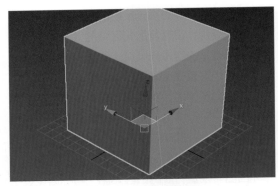

图5-49　立方体效果

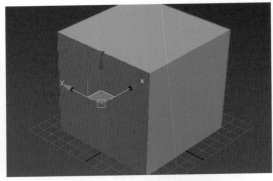

图5-50　选择多边形的面

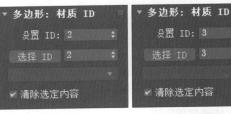

（a）设置ID:2　　　（b）设置ID:3

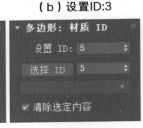

（c）设置ID:4　　　（d）设置ID:5

（e）设置ID:6

图5-52　分别设置ID选项参数

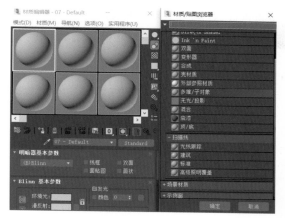

图5-53 选择"多维/子对象"材质

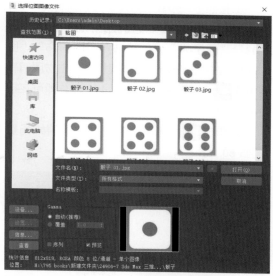

图5-56 材质ID 1的材质编辑器

质，同时会弹出"替换材质"对话框，这里可以选择"将旧材质保存为子材质"（图5-54）。

图5-54 替换材质选项

⑤ 在弹出的"多维/子对象"材质编辑器，点击 设置数量 按钮，在弹出的"设置材质数量"对话框中输入数字"6"（图5-55）。

⑥ 设置完成后，点击ID 1后面的 01-Default（Standard），会进入材质ID 1的材质编辑器。单击"漫反射颜色"后的灰色按钮，在弹出的对话框中选择"位图"贴图，单击"确定"按钮，在弹出的对话框中选择本书配套文件包"第5章>素材>骰子01.jpg"文件（图5-56）。

图5-55 设置材质数量

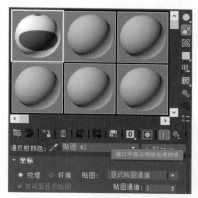

图5-57 单击"视图中显示贴图"按钮

⑦ 随后会进入位图贴图面板，使用默认的参数即可。单击材质球下工具栏中的 （视图中显示贴图）按钮（图5-57），在视图中就可以显示材质贴图效果。再单击 （转到父对象）按钮，随后回到原先的材质编辑器面板（图5-58）。

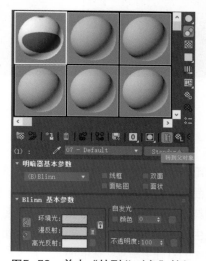

图5-58 单击"转到父对象"按钮

⑧ 按照上一步骤的方法，分别对材质ID 2、ID 3、ID 4、ID 5、ID 6设置位图"骰子02""骰子03""骰子04""骰子05""骰子06"（图5-59）。在视图选择立方体模型，单击材质编辑器中的 （视图中显示贴图）按钮，即可在视图中显示材质贴图效果。

⑨ 单击 （渲染）按钮，快速渲染场景（图5-60）。

图5-59　分别设置材质ID贴图

图5-60　最终渲染效果

5.4 ▶ 常用贴图

常用的贴图方式是将像素图片作为材质贴在物体表面或作为环境贴图为场景创建背景，除此之外的其他贴图都属于程序贴图。程序贴图是由计算机生成的贴图图像效果，能够在不增加对象几何结构的基础上丰富物体的细节，最大程度地提高材质的真实效果。此外，一些贴图还可以用于创建环境或灯光投影效果。下面对材质编辑器中的贴图进行介绍。

5.4.1　位图贴图

位图贴图是最简单也是最常用的贴图方式，它在物体表面形成平面的图案（图5-61）。位图贴图支持包括".jpg"".tif"".tga"".bmp"的静帧图像以及".avi"".flc"".fli"等动画文件。

需要注意的是，位图在三维空间上是有方向的，当为对象指定一个二维贴图材质时，对象必须使用贴图坐标。贴图坐标使用UVW坐标轴的方式设置贴图应用到材质上的方向，以及是否被重复平铺或镜像等。

单击 （材质编辑器）按钮打开材质编辑器，在"贴图"卷展栏中单击"漫反射"右侧的 无 按钮，在弹出的"材质/贴图浏览器"窗口中单击"位图"选项，通过打开的对话框在电脑中查找贴图，选择贴图单击确定即可。"位图参数"卷展栏如图5-62所示。

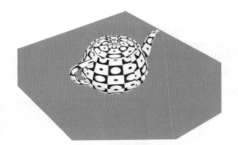

图5-61　位图贴图效果

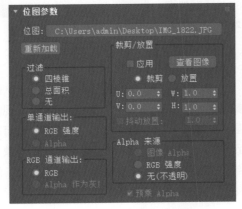

图5-62 "位图参数"卷展栏

位图：用于选择位图，选择的位图文件名称将出现在按钮上面，需要改变位图文件时，也可单击该按钮重新选择。

重新加载：单击此按钮重新载入所选的位图文件。

"过滤"组

过滤选项允许选择抗锯齿位图中使用的像素方式。

四棱锥：使用较少的内存，并能满足大多数要求。

总面积：使用较多的内存，但能产生更好的效果。

无：禁用过滤。

"单通道输出"组

此组中的控件根据输入的位图确定输出单色通道的源。

RGB强度：将红、绿、蓝通道的强度用作贴图。

Alpha：将Alpha通道的强度用作贴图。

"RGB 通道输出"组

此组中的控件影响显示颜色的贴图，包括环境光、漫反射、高光、过滤色、反射和折射等。

RGB：显示像素的全部颜色值。

Alpha作为灰度：基于 Alpha 通道级别显示灰度色调。

"裁剪/放置"组

用于裁剪或放置图像的尺寸。

应用：启用/禁用裁剪或放置设置。

查看图像：打开对话框，用于显示和编辑要裁剪或放置的图像。

裁剪：选中时，表示对图像进行裁剪操作。

放置：选中时，表示对图像进行放置操作。

U、V：调节图像的坐标位置。

W、H：调节图像或裁剪区的宽度和高度。

抖动放置：会产生一个随机值来设定放置图像的位置。

"Alpha来源"组

控制Alpha通道的来源。

图像Alpha：以位图自带的Alpha通道作为

来源。

RGB强度：将位图中的颜色转换为灰度值并用于透明度。

无（不透明）：不适用不透明度。

5.4.2 合成贴图

合成材质可以复合10种材质，复合方式有Additive Opacity(增加不透明度)、Subtractive Opacity(相减不透明度)和基于数量混合3种方式，分别用"A""S""M"表示（图5-63）。对于"合成"贴图，应使用含有Alpha透明度通道的图像（图5-64）。

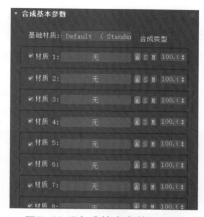

图5-63 "合成基本参数"面板

图5-64　合成贴图效果

基础材质：指定基础材质，默认为标准材质。

材质1～材质9：选择要进行复合的材质，前面的复选框控制是否使用该材质。

A（增加不透明度）：各个材质的颜色依据其不透明度进行相加，总计作为最终的材质颜色。

S（相减不透明度）：各个材质的颜色依据其不透明度进行相减，总计作为最终的材质颜色。

M（基于数量混合）：各个材质依据其百分比进行混合。

数量：控制混合的数量。

5.4.3 渐变贴图

"渐变"贴图中3个色彩可以随意调节，色彩比例的大小也可调节，通过贴图可以产生无限的渐变和图像嵌套效果（图5-65）。另外，它自身还包括噪波参数，用于控制区域之间的杂乱效果，其参数设置面板如图5-66所示。

图5-65 渐变贴图效果

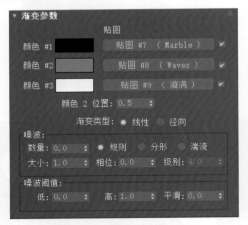

图5-66 渐变参数卷展栏

颜色#1～3：设置渐变所需的3种颜色，也可以为它们指定一个贴图。颜色#2用于设置#1、#3颜色之间的过渡色。

颜色2位置：设定中间颜色的位置，取值范围为0～1.0。当值为0时，颜色2取代颜色3；当值为1时，颜色2取代颜色1。

渐变类型：设定渐变是线性方式还是从中心向外的放射方式。

"噪波"组

用于应用噪波效果。

数量：给渐变添加一个噪波效果。有规则、分形和湍流3种类型可以选择。

大小：用于扩大或缩放噪波功能，此值越小，噪波碎片也就越小。

相位：控制噪波的移动速度。

级别：设置分形、湍流的分形迭代次数。

"噪波阈值"组

用于在高与低中设置噪波值的界限。

低：设置低阈值。

高：设置高阈值。

平滑：用以生成阈值间较为平滑的过渡。当平滑值为0时，没有应用平滑。当为1时，应用最大数量的平滑。

5.4.4 噪波贴图

噪波贴图是使用比较频繁的一种贴图，可以生产凹凸不平的效果，常用于无序贴图效果的制作（图5-67）。贴图"噪波参数"卷展栏如图5-68所示。

图5-67 噪波贴图效果

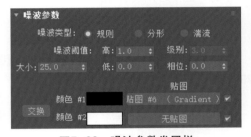

图5-68 噪波参数卷展栏

噪波类型：选择噪波类型。图5-69为规则、分形和湍流3种噪波类型效果。

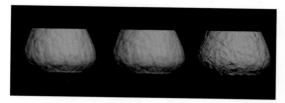

图5-69　3种噪波类型效果

规则：系统默认设置，生成普通噪波。类似于"级别"设置为1的"分形"噪波。

分形：使用分形算法生成噪波。

湍流：使用绝对值函数生成噪波。

噪波阈值：设置噪波的高阈值和低阈值。

级别：决定分形、湍流噪波的迭代次数。

相位：控制噪波的动画速度。使用此选项可以设置噪波的动画。

交换：切换两个颜色或贴图的位置。

颜色#1、颜色#2：可以选择两个主要噪波颜色，所选的两个颜色生成中间颜色值。

贴图：选择位图或程序贴图作为噪波颜色。

5.4.5　案例：扇子的制作

案例学习目标：使用标准材质完成扇子的贴图效果。

案例知识要点：通过标准材质的漫反射颜色通道和多维/子对象材质等配合使用来完成贴图效果的制作。

效果所在的位置：本书配套文件包>第5章>案例：扇子的制作。

① 打开"扇子的制作_初始效果"文件（图5-70）。

② 在场景中选择扇子模型，在堆栈中进入模型的元素层级，在场景中选择如图5-71所示的多边形。

③ 在堆栈栏的"多边形：材质ID"中，设置"设置ID"为1，并单击Enter键确定（图5-72）。选择扇子的扇面模型，并在"设置ID"输入2，单击Enter键确定（图5-73）。

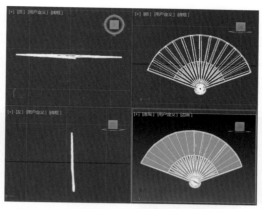

图5-70　扇子源文件

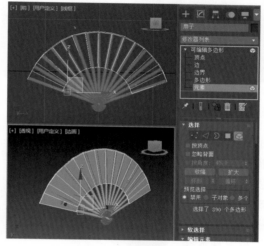

图5-71　选择模型

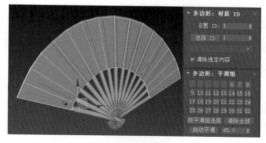

图5-72　设置ID 1

图5-73　设置ID 2

④ 在工具栏中单击 （材质编辑器）按钮，打开材质编辑器，选择一个材质球，单击 Standard按钮，在弹出的对话框中选择"多维/子对象"材质，单击"确定"按钮（图5-74）。

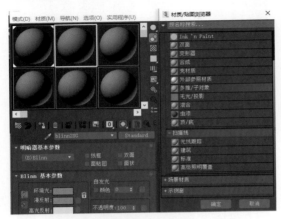

图5-74　选择"多维/子对象"材质

⑤ 在弹出的对话框中选择"丢弃旧材质"选项，单击"确定"按钮。在"多维/子对象基本参数"卷展栏中点击设置数量，在设置材质数量对话框中输入2，单击"确定"按钮（图5-75）。

图5-75　设置材质数量选项

⑥ 单击"1"号材质，进入"1"号材质的设置面板，在"反射高光"组中设置"高光级别"为60、"光泽度"为75（图5-76）。点击漫反射后面的 ，在弹出对话框中选择"位图"，并在"选择位图图像文件"

图5-76　设置参数

对话框中选择"檀木贴图"并点击"打开"（图5-77）。

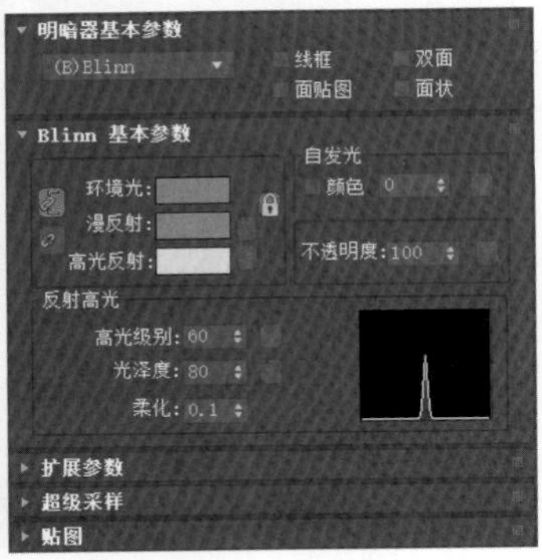

图5-77　选择"檀木贴图"

⑦ 在"1"号材质球面板中点击 （转到父对象）按钮，转到多维/子对象材质面板，点击"2"材质后的灰色按钮，在弹出的对话框中选择"标准"（图5-78），进入"2"材质控制面板。点击漫反射后面的，在弹出对话框中选择"位图"，并在"选择位图图像文件"中选择"扇面"贴图（图5-79）。

⑧ 在"2"号材质球面板中点击 （转到父对象）按钮，转到多维/子对象材质面板，单

图5-78　选择"标准"材质

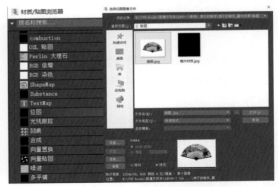

图5-79　选择"扇面"贴图

击（将材料制定给选定对象）按钮，将材质制定给场景中的扇子模型。单击（视图中显示贴图）按钮，在"透视"图中显示贴图，效果如图5-80所示。

⑩ 最后渲染场景效果，得到如图5-82所示的效果。

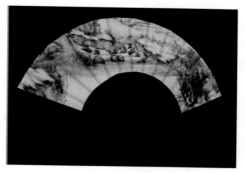

图5-82　最终渲染效果

图5-80　将贴图赋予模型

⑨ 在修改面板的可编辑多边形中，进入元素层级并在视窗中选择模型的扇面部分，然后在修改器列表中选择"UVW贴图"，在参数面板中调整参数，将贴图方式调整为"多边形"，宽度和高度参数分别为34、26，并选中UVW贴图子层级的Gizmo，在视窗中适当拖动贴图位置（图5-81）。

5.5 ▶ 渲染 ▶

5.5.1 渲染器公用参数

渲染是三维动画制作中的关键环节，指将贴图、照明、阴影、特效等应用到场景模型中。3ds Max中渲染效果的完成，需要使用"渲染设置"对话框（图5-83）来创建渲染并将其保存为图片或者视频文件等，形成最终的效果。

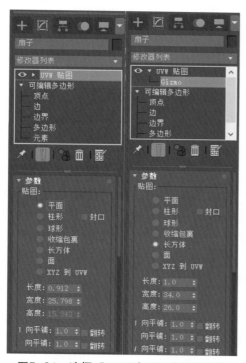

图5-81　选择"UVW贴图"并修改参数

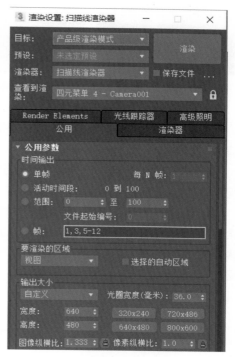

图5-83　渲染设置对话框（1）

目标：用于选择不同的渲染选项（图5-84）。

产品级渲染模式：默认设置。选择该选项，单击"渲染"可使用产品级模式。

图5-84　目标设置对话框

迭代渲染模式：选择该选项，单击"渲染"可使用迭代模式。

ActiveShade 模式：选择该选项，单击"渲染"可使用 ActiveShade。

Autodesk 渲染模式：打开用于 Autodesk Rendering Cloud 渲染的控件。

提交到网络渲染：将当前场景提交到网络渲染。选择此选项后，3ds Max 将打开"网络作业分配"对话框。

渲染：单击可以使用当前目标模式（除网络渲染之外）渲染场景。

保存文件：快速设置保存即将渲染的文件。

预设：用于选择预设渲染参数集，或加载、保存渲染参数设置（图5-85）。

渲染器：可以选择需要的渲染器（图5-86）。

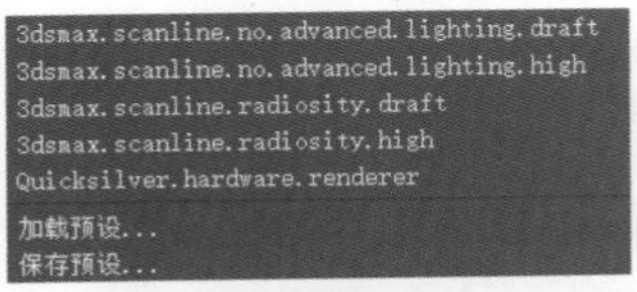

图5-85　预设对话框 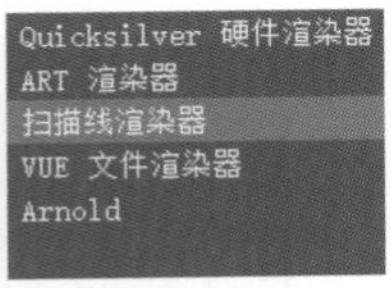　　图5-86　渲染器对话框

查看到渲染：当单击"渲染"按钮时，将显示渲染的视口。

[锁定到视口]：启用时，会将视图锁定到"视口"列表中显示的一个视图。

"渲染设置"对话框的"公用参数卷展栏"包含适用于渲染的控件、选择渲染的控件，以及设置所有渲染器的公用参数，下面对其进行介绍。

"时间输出"组

单帧：设置单帧画面输出。

活动时间段：设置时间滑块内的帧范围输出。

范围：指定两个数字之间（包括这两个数字）的帧输出。

文件起始编号：指定文件起始编号，从这个编号开始递增文件名，范围为"－99，999～99，999"，只用于"活动时间段"和"范围"输出。

帧：可以指定非连续帧，帧与帧之间用逗号隔开（如2，5），或连续的帧的范围，用连字符相连（如0-5）。

每 N 帧：帧的规则采样。例如此值为"8"，则每隔8帧渲染一次。只用于"活动时间段"和"范围"输出。

"输出大小"组

自定义 下拉列表：选择几个标准的电影和视频分辨率以及纵横比。

光圈宽度（毫米）：设置用于创建渲染输出的摄影机光圈宽度。

宽度、高度：以像素为单位指定图像的宽度和高度。

320x240　720x486　640x480　800x600：单击这些按钮之一，将选择一个预设分辨率。右键单击按钮，弹出"配置预设"对话框，可以更改该分辨率。

图像纵横比：设置图像的纵横比。

> **提示**　在3ds Max中，图像纵横比值总是表示为倍增值。在电影和视频的书面描述中，纵横比通常描述为比率。例如"1.33333"通常表示为4∶3。

像素纵横比：设置显示在其他设备上的像素纵横比。如果使用标准格式而非自定义格式，则不可以改变像素纵横比（图5-87）。

（锁定）按钮：用来锁定图像纵横比和像素纵横比。

"选项"组（图5-88）

大气：启用此选项后，渲染任何应用的大气效果，如体积雾。

效果：启用此选项后，渲染任何应用的渲染

图5-87　不同像素纵横比效果对比

 图5-88　渲染设置对话框（2）

效果，如模糊。

置换：渲染任何应用的置换贴图。

视频颜色检查：检查超出NTSC或PAL安全阈值的像素颜色。

渲染为场：为视频创建动画时，将视频渲染为场，而不是渲染为帧。

渲染隐藏几何体：渲染场景中所有的几何体，包括隐藏的对象。

区域光源/阴影视作点光源：将所有的区域光源或阴影当作从点对象发出的进行渲染，这样可以加快渲染速度。

强制双面：渲染所有模型对象的两个面。通常，需要加快渲染速度时应禁用此选项。如果需要渲染对象的内部及外部，或渲染法线未统一的复杂几何体，则可以启用此选项。

超级黑：渲染限制用于视频组合的渲染几何体的暗度。一般将其禁用。

"高级照明"组

使用高级照明：启用该选项后，软件在渲染过程中提供光能传递解决方案或光跟踪。

需要时计算高级照明：启用该选项后，当需要逐帧处理时，软件计算光能传递。

"位图性能和内存选项"组

显示3ds Max是使用高分辨率贴图还是位图代理进行渲染。要更改此设置，可单击 设置... 按钮。

"渲染输出"组

保存文件：启用该选项后，进行渲染时软件将渲染后的图像或动画保存到磁盘。单击 文件... 指定输出文件后，该选项才可用。

文件... ：单击此按钮弹出"渲染输出文件"对话框，指定输出文件名、格式以及路径，可以渲染到任何可写的静态或动画图像文件格式。同时，可以将多个帧渲染到静态图像文件。

将图像文件列表放入输出途径：启用该选项，可创建图像序列（IMSQ）文件，并将其保存在与渲染相同的目录中。默认设置为禁用。

立即创建 ：单击此按钮，可以快速渲染图像，前提是必须已经设置了渲染输出的格式及路径。

Autodesk ME图像序列文件（.imsp）:选中此选项后，渲染器会创建图像序列（IMSQ）文件。

原有3ds Max图像文件列表（.ifl）：选中此选项后，可

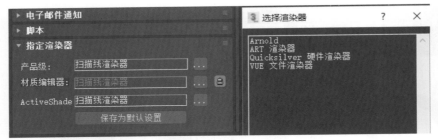

图5-89　选择渲染器对话框

图5-90　扫描线渲染器渲染效果

图5-91　Arnold渲染效果

创建由3ds Max的旧版本创建的各种图像列表（IFL）。

使用设备：可将渲染的图像文件输出到录像机等设备上。首先单击按钮指定设备，设备上必须安装相应的驱动程序。

渲染帧窗口：在渲染帧窗口中显示渲染输出。

跳过现有图像：启用该选项，且勾选"保存文件"后，渲染器将跳过序列中已经渲染到磁盘的图像。

5.5.2　渲染器类型

3ds Max提供了默认扫描线渲染器、Arnold、ART渲染器、Quicksliver 硬件渲染器和VUE文件渲染器5种常用的渲染类型（图5-89）。

① 默认扫描线渲染器：默认情况下，扫描线渲染器处于活动状态下。该渲染器以一系列水平线来渲染场景，可用于扫描线渲染器的全局照明选项包括光线跟踪和光能传递。扫描线渲染器也可以渲染到纹理，其特别适用于为游戏引擎准备场景，效果如图5-90所示。

② Arnold：该渲染器是一款高级的、跨平台的渲染器，是基于物理算法的电影级别渲染引擎，正在被越来越多的好莱坞电影公司以及工作室作为首席渲染器使用。Arnold渲染器特点有：高速运动模糊、节点拓扑化、支持即时渲染、节省内存损耗等，启动渲染和光线跟踪时间都有明显的加速效果。特别是在多核心的机器上，大容量的体积缓存的速度可以提高2倍；预处理.tx纹理的多线程速度可以提高10倍，隐藏的表面和曲线光线跟踪都更快；透明贴图可以提高渲染速度达20%，图像渲染速度更快，噪点更少，效果如图5-91所示。

③ ART渲染器：Autodesk Raytracer（ART）渲染器是一种基于物理方式的CPU快速渲染器，适用于建筑、产品和工业设计渲染与动画。ART渲染器提供简单的参数设置以及灵活的工作流。借助 ART，可以渲染大型、复杂的场景，并通过Backburner 在多台计算机上实现网络渲染。ART渲染器支持IES、光度学和日光，可以创建高度精确的建筑场景图像。同时使用基于图像的照

明，可以轻松渲染高度逼真的图像。ART 的优势是 ActiveShade 中的快速设置选项，可以快速操作灯光、材质和对象。渲染效果如图5-92所示。

④ Quicksilver 硬件渲染器：该渲染器使用图形硬件生成渲染效果。它的优点在于渲染速度，默认设置提供快速渲染，效果如图5-93所示。Quicksilver 硬件渲染器同时使用中央处理器（CPU）和图形处理器（GPU）加速渲染，这有点像是在3ds Max内设有游戏引擎渲染器。CPU的主要作用是转换场景数据以进行渲染，包括为使用中的特定图形卡编译明暗器。因此，渲染第一帧要花费一段时间，直到明暗器编译完成。这在每个明暗器上只发生一次。越频繁使用Quicksilver 渲染器，其速度将越快。

图5-92　ART渲染器渲染效果

图5-93　Quicksilver 硬件渲染器渲染效果

⑤ VUE文件渲染器：使用VUE文件渲染器（图5-94）可以创建VUE文件。

图5-94　VUE文件渲染器

5.6 ▷ 课堂实训：儿童床的制作

实训目标：使用材质编辑器来完成儿童床贴图的制作。

实训要点：通过漫反射颜色、凹凸贴图等贴图通道的配合使用来完成儿童床贴图效果的制作。

效果所在位置：本书配套文件包>第5章>课堂实训：儿童床的制作。

① 双击"儿童床的制作_初始效果"文件，打开后效果如图5-95所示。

② 在工具栏中点击 （材质编辑器）按钮，打开材质编辑器。在"反射高光"组中设置"高光级别"和"光泽度"分别为70、50（图5-96）。

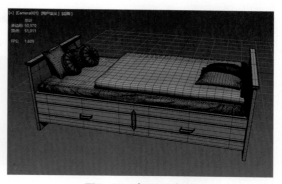

图5-95　打开源文件

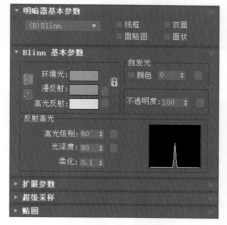

图5-96　设置参数

③ 打开"贴图"卷展栏，单击"漫反射颜色"后的 按钮，在弹出的对话框中选择"位图"贴图，单击"确定"按钮。在弹出的对话框

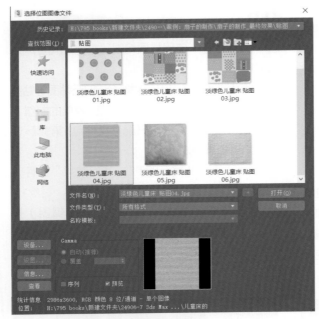

图5-97 选择贴图文件

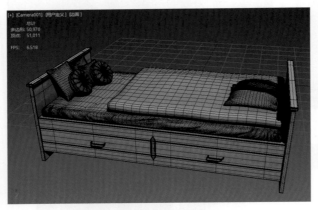

图5-98 视窗中显示贴图

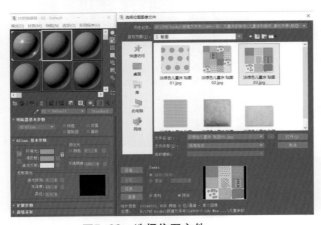

图5-99 选择位图文件

中选择本书配套文件包>第5章>课堂实训：儿童床的制作>儿童床的制作_初始效果>贴图>"淡绿色儿童床 贴图04.jpg"文件（图5-97）。

④ 进入位图贴图，使用默认的参数即可。单击 （将材料制定给选定对象）按钮，将材质制定给场景中的床模型。单击 （视图中显示贴图）按钮，在"透视"图中显示贴图，效果如图5-98所示。

⑤ 单击 （转到父对象）按钮，回到材质球编辑面板，选择第2个材质，打开"贴图"卷展栏，单击"漫反射颜色"后的 按钮，在弹出的对话框中选择"位图"贴图，在弹出的对话框中选择本书配套文件包>第5章>课堂实训：儿童床的制作>儿童床的制作_初始效果>贴图>"淡绿色儿童床贴图03.jpg"文件（图5-99）。

⑥ 运用同样的方法，为床垫01赋予"淡绿色儿童床 贴图06.jpg"，为床垫02赋予"淡绿色儿童床 贴图03.jpg"，为抱枕01、抱枕02赋予"淡绿色儿童床贴图02.jpg"，为抱枕01、抱枕02赋予"淡绿色儿童床 贴图02.jpg"，为抱枕03、抱枕04、抱枕05赋予"淡绿色儿童床 贴图05.jpg"，为抱枕04、抱枕06、抱枕07赋予"淡绿色儿童床贴图01.jpg"（图5-100）。

⑦ 单击 （渲染）按钮，快速渲染场景，效果如图5-101所示。

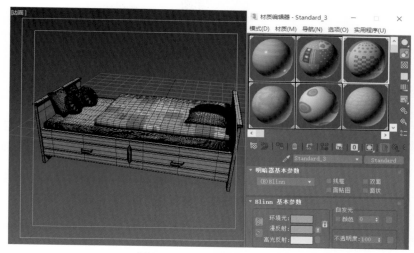

图5-100　为模型赋予贴图

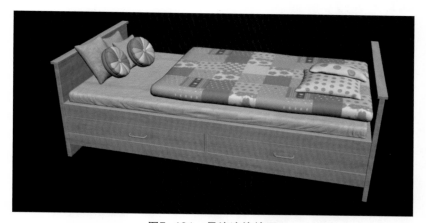

图5-101　最终渲染效果

课后
习题

打开配套文件包中的初始效果文件，效果如图5-102所示，通过材质球漫反射通道赋予贴图，并为金属材质设置透明通道、反射效果，为滑梯赋予塑料材质，制作出如图5-103所示的效果。具体操作步骤见文件包。

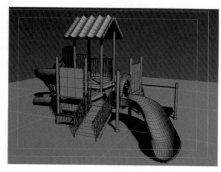

图5-102　初始效果文件

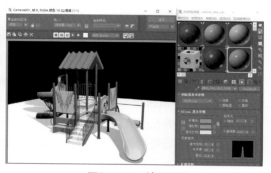

图5-103　效果图

第6章

灯光与摄影机

本章内容 重点介绍3ds Max的灯光和摄影机。通过本章，希望学习者能够对灯光和摄影机的使用方式有较深入的认识和了解，能够在具体设计实践中做到融会贯通。

学习目标 了解灯光和摄影机的概念及相关知识；熟悉并掌握灯光的创建方式；熟悉并掌握摄影机的创建方式；掌握灯光和摄影机的参数调节。

6.1 ▶ 灯光基础知识

在3ds Max 2020中，灯光是模拟实际灯光效果的操作对象，例如室内的灯光、舞台的射灯和手术台的照明设备以及太阳本身等。不同种类的灯光对象以不同的方法投射并产生阴影，模拟真实世界中不同种类的光源（图6-1）。

图6-1　灯光创建的室内场景

在三维动画中，灯光对象让画面的视觉效果更加逼真，强化了整个场景的体积感和空间感。除了常规的照明效果之外，灯光还可以用来投射图像等。如果使用者并未在场景中创建灯光对象，3ds Max软件自动使用默认的照明着色或渲染场景。默认照明由两个不可见的灯光组成：一个位于场景上方偏左的位置，另一个位于下方偏右的位置。一旦场景中创建了灯光对象，那么默认照明就会被禁用。如果在场景中删除所有的灯

光对象，则又会重新启用默认照明。

在3ds Max 2020中提供两种类型的灯光：标准灯光和光度学灯光。所有灯光类型在视口中显示为灯光对象，它们的参数卷展栏不尽相同。

标准灯光是比较常用的灯光对象，常用于模拟如家用灯光、办公室灯光、舞台灯光、拍摄电影时的灯光和太阳光等。标准灯光对象的使用方法较类似，可以模拟常见的大部分自然光源和人造光源，效果如图6-2所示。与光度学灯光不同，标准灯光的参数设置不以物理强度值作参考。

图6-2　标准灯光制作的夜间场景

光度学灯光使用光度学（光能）值精确地定义灯光效果，就像真实世界中的人造光源一样（图6-3），可以通过参数面板设置灯光的分布、强度、色温和灯光的其他特性。此外，还可

以导入特定的光度学文件表现商用灯光的照明效果。光度学灯光以表现人造光源为主，不擅长表现自然光源。

图6-3　光度学灯光制作的室内场景

6.2 ▶ 标准灯光

标准灯光使用范围较广，下面介绍其类型和参数。

6.2.1 标准灯光类型

标准灯光的对象类型如图6-4所示，单击"　(创建)>　(灯光)>标准"的灯光对象按钮即可创建标准灯光。

图6-4　标准灯光类型

（1）目标聚光灯

目标聚光灯可以像射灯一样投射聚焦的光束，形成类似于剧院或路灯下的聚光区（图6-5、图6-6）。目标聚光灯具有可移动的目标对象，使用可移动的目标对象可以准确地设置灯光指向。

（2）自由聚光灯

与目标聚光灯不同，"自由聚光灯"没有目标对象（图6-7、图6-8）。可以移动和旋转自由聚光灯以使其指向任何方向。

（3）目标平行光

目标平行光主要用于模拟类似于太阳光的大

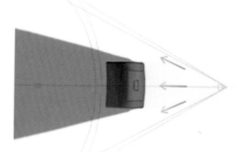

图6-5　目标聚光灯的顶视图

图6-6　目标聚光灯的透视图

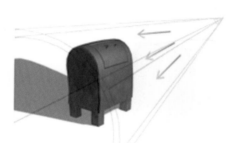

图6-7　自由聚光灯的透视图

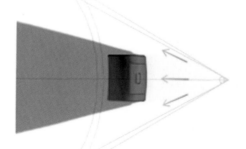

图6-8　自由聚光灯的顶视图

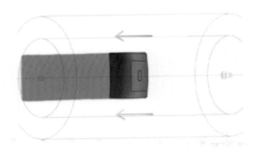

图6-9　目标平行光的顶视图

图6-10　目标平行光的透视图

图6-11　自由平行光的透视图

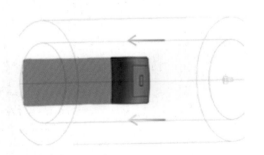

图6-12　自由平行光的顶视图

范围照明效果，可以调整灯光的位置、颜色，并在三维空间中旋转灯光。目标平行光可以使用目标对象设置灯光指向。由于目标平行光的光照效果是平行的，所以平行光的光线呈圆形或矩形棱柱，而不是"圆锥体"（图6-9、图6-10）。

（4）自由平行光

与目标平行光不同，自由平行光没有目标对象。移动和旋转灯光对象可以指向任何方向（图6-11、图6-12）。

（5）泛光

泛光灯从单个光源向各个方向投射光线。泛光灯在场景中大多用于辅助照明，或模拟点光源。泛光灯可以投射阴影，单个投射阴影的泛光灯等同于六个投射阴影的聚光灯，从中心指向外侧（图6-13、图6-14）。

（6）天光

天光用于投射类似于太阳光的全局照明效果，可以设置天光的颜色或指定光照贴图。该灯光常用于类似于球天的光照环境效果（图6-15）。当使用默认扫描线渲染器进行渲染时，

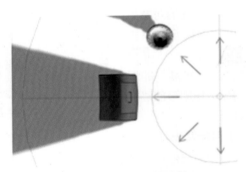

图6-13　泛光灯的顶部视图

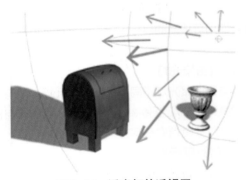

图6-14　泛光灯的透视图

天光与高级照明（光线跟踪器或光能传递）结合使用效果会更佳，如图6-16所示。

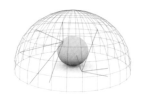 

图6-15　在球天场景中使用天光效果　　图6-16　使用单个天光和光线跟踪渲染的模型

6.2.2 标准灯光参数

下面以聚光灯为例，对灯光的常用参数卷展栏和参数进行介绍。选择灯光后，进入修改面板，其参数卷展栏介绍如下。

（1）"常规参数"卷展栏

"常规参数"卷展栏如图6-17所示。

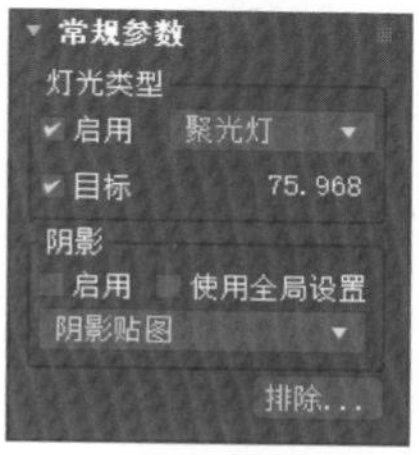

"灯光类型"组

启用：启用和禁用灯光。当该选项启用时，使用灯光着色并渲染场景。

图6-17　"常规参数"卷展栏

［灯光类型列表］：更改灯光的类型，包括聚光灯、平行光和泛光。

目标：启用该选项后，灯光可以使用目标对象。灯光与其目标对象的距离显示在复选框的右侧。禁用该选项，则取消目标对象。

"阴影"组

启用：设置当前灯光是否投射阴影。

使用全局设置：启用该选项，使用投射阴影的全局设置。禁用该选项，启用阴影的单个控件。

［阴影贴图列表］：设置渲染器的阴影类型，包括高级光线跟踪、区域阴影、阴影贴图、光线跟踪阴影等。

排除…：将选定对象排除于灯光照明之外。单击此按钮，弹出"排除/包含"对话框。通过单击包含或排除按钮，将场景中的物体加入到右侧排除框中，它将不再受到这盏灯光的影响。对于照明和阴影也可以分别进行排除。

（2）"强度/颜色/衰减"卷展栏

设置灯光强度、颜色和衰减等，如图6-18所示。

倍增：将灯光的功率放大或缩小。例如，将倍增设置为2，灯光将亮两倍，默认设置为1。其右侧的色块用于调整灯光的颜色。

图6-18　"强度/颜色/衰减"卷展栏

"衰退"组

类型：选择要使用的衰退类型，包括无、反向、平方反比3种类型。

无：（默认设置）不应用衰退。灯光始终保持全部强度，排除"远距衰减"组中的启用选项。

反向：应用反向衰退。

平方反比：应用平方反比衰退。

开始：设置开始衰减的距离。

显示：启用或禁用衰减范围框的显示。

"近距衰退/远距衰退"组

使用：启用灯光的近/远距衰减。

显示：在视口中显示近/远距衰减范围设置。

开始/结束：设置灯光开始淡入的距离和达到其全值的距离。

（3）"聚光灯参数"卷展栏

聚光灯参数卷展栏用于设置聚光灯参数，如图6-19所示。

"光锥"组

显示光锥：启用或禁用圆锥体的显示。

图6-19　"聚光灯参数"卷展栏

泛光化：启用时，灯光将在各个方向投射灯光。

聚光区/光束：调整灯光圆锥体的角度，以度为单位表示，默认值为43。

衰减区/区域：调整灯光衰减区的角度，以度为单位表示，默认值为45。

圆/矩形：确定聚光区和衰减区的形状。如果需要圆形的光束，应设置为"圆形"。如果需要矩形的光束，应设置为"矩形"。

纵横比：设置矩形光束的纵横比。默认设置为"1"。

位图拟合：设置纵横比以匹配特定的位图。

（4）"高级效果"卷展栏

设置灯光投射到物体表面的效果，如图6-20所示。

图6-20　"高级效果"卷展栏

"影响曲面"组

对比度：调整对象曲面的漫反射和环境光之间的对比度。增加该值可产生特殊效果，例如太空中刺眼的灯光。默认设置为0。

柔化漫反射边：增加该值可以柔化对象曲面的漫反射与环境光之间的边缘，有助于消除在某些情况下曲面上出现的毛糙边缘。

漫反射：启用该选项，灯光将影响对象曲面的漫反射属性。禁用该选项后，灯光在漫反射曲面上没有效果。默认设置为启用。

高光反射：启用该选项后，灯光将影响对象曲面的高光属性。禁用该选项后，灯光在高光属性上没有效果。默认设置为启用。

仅环境光：启用该选项后，灯光仅影响环境光组件。同时，"对比度""柔化漫反射边""漫反射""高光反射"不可用。默认设置为禁用。

投影贴图：勾选其下的"贴图"复选框，再单击右侧的按钮，可以选择一张图像作为投影图，使灯光投射出图片效果。

（5）"阴影参数"卷展栏

调整阴影的颜色及效果，如图6-21所示。

图6-21　"阴影参数"卷展栏

"对象阴影"组

颜色：单击右侧的色块，打开颜色选择器用于选择阴影颜色。默认颜色为黑色。

密度：设置阴影的密度。

贴图：启用该选项，可以使用贴图按钮指定贴图。

无：将贴图颜色与阴影颜色混合起来，将贴图指定给阴影。

灯光影响阴影颜色：启用该选项后，将灯光颜色与阴影颜色相混合。

"大气阴影"组

启用：启用该选项后，大气效果会投射阴影。默认设置为禁用。

不透明度：调整阴影的不透明度，此值为百分比。默认设置为100。

颜色量：调整大气颜色与阴影颜色混合的量，此值为百分比。默认设置为100。

（6）"阴影贴图参数"卷展栏

设置阴影贴图的相关参数，效果如图6-22所示。

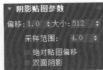

图6-22　"阴影贴图参数"卷展栏

偏移：将阴影靠近或偏离生成阴影的对象。

大小：设置灯光阴影贴图的大小。值越大，对贴图的表现就越细致。

采样范围：设置阴影边缘的模糊程度。范围为 0.01 ~ 50.0。

绝对贴图偏移：启用此选项后，阴影贴图的偏移会限制在固定比例。

双面阴影：启用此选项后，将计算对象背面的阴影效果。

（7）"大气和效果"卷展栏

设置灯光的环境特效，如图6-23所示。

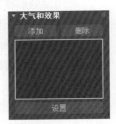

图6-23　"大气和效果"卷展栏

添加：单击此按钮，弹出"添加大气或效果"对话框，可以将大气或特殊效果添加到灯光中。

删除：删除在列表中选定的大气或效果。

[大气和效果列表]：显示指定给此灯光的大气或效果的名称。

：设置列表中选定的大气或特殊效果。

6.2.3 案例：室内场景布光

案例学习目标：学习室内场景布光的基本原理和方法，掌握目标聚光灯和泛光灯的创建方式和参数调节的设置，为场景的照明进行合理的设置和安排。

案例知识要点：目标聚灯光的创建和参数调整，以及体积光的添加；泛光灯的创建和参数调整，通过两者的结合实现室内场景布光的实现。

效果所在位置：本书配套文件包>第6章>案例：室内场景布光。

① 打开文件包中的"室内灯光_初始效果"文件，单击"✛（创建）>💡（灯光）>标准>目标聚光灯"按钮，在场景中创建一个灯光照明，目标聚光灯的参数如图6-24所示，单击"✛（创建）>💡（灯光）>标准>泛光灯"按钮，在场景中创建一个灯光照明，泛光灯的参数如图6-25所示，创建好的灯光位置如图6-26所示。

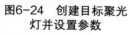

图6-24　创建目标聚光灯并设置参数

图6-25　创建泛光灯并设置参数

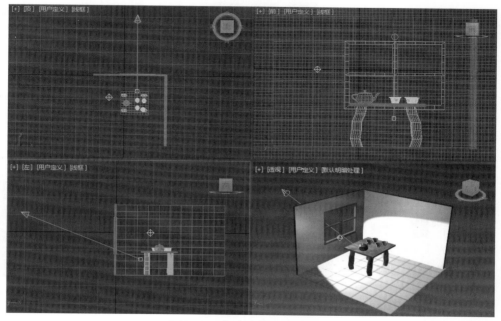

图6-26　灯光在视图中的位置

② 在目标聚光灯的"大气和效果"卷展栏中，单击 添加 按钮，弹出如图6-27所示的对话框，然后选择体积光，效果如图6-28所示。

③ 单击"大气和效果"卷展栏的 设置 按钮，在弹出的"体积光参数"卷展栏中修改参数，为了增加体积光的质感，可以把噪波打开，设置数量为0.5左右（图6-29）。

④ 按一下键盘上的F9（快速渲染）按钮，对当前摄影机视图进行渲染（图6-30）。

图6-27　添加体积光对话框

图6-28　"大气和效果"卷展栏

图6-29　体积光设置参数

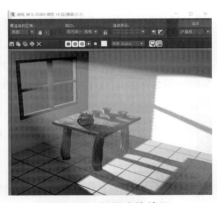

图6-30　场景渲染效果

6.3 ▶ 光度学灯光

光度学灯光通过设置灯光的光度学值来显示场景中的场景灯光效果。用户可以为灯光指定各种的分布方式、颜色特征，也可以导入特定光度学文件。

6.3.1　光度学灯光类型

单击" ＋ （创建）> 💡（灯光）>光度学"中的灯光按钮即可创建光度学灯光（图6-31）。

图6-31　光度学灯光

（1）目标灯光

目标灯光具有用于灯光指向的目标子对象。图6-32所示为采用统一球形、聚光灯分布以及光度学Web的目标灯光的视口示意图。

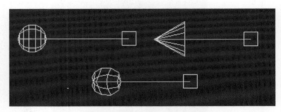

图6-32　采用统一球形、聚光灯分布以及光度学Web 的目标灯光的视口示意图

（2）自由灯光

自由灯光不具备目标子对象（图6-33），可以使用变换工具调整它的方向。

图6-33　采用统一球形、聚光灯分布以及光度学Web的自由灯光的视口示意图

（3）太阳定位器

太阳定位器类似于3ds Max之前版本中的太阳光和日光系统，其使用的灯光遵循太阳在地球上某一给定位置的角度和运动。通过太阳定位器可以选择位置、日期、时间和指南针方向，也可以设置日期和时间快速转换的动画。

与传统的太阳光和日光系统相比，太阳定位器的主要优势是高效、直观。太阳定位器位于"灯光"面板中，其主要功能如日期和位置的设置等位于"太阳位置"卷展栏中。一旦创建了"太阳位置"对象，系统就会自动创建环境贴图和曝光控制插件。这样可以避免重复操作，简化工作流程。

6.3.2　光度学灯光参数

下面对光度学灯光参数进行介绍。

（1）"模板"卷展栏

"模板"卷展栏如图6-34所示，可以在其下拉列表中选择各种预设的灯光模板。当选择模板后，将使用预设灯光的参数值，并且列表之上的文本区域会显示该灯光的说明。

图6-34　"模板"卷展栏

（2）常规参数

"常规参数"卷展栏中的灯光分布（类型）如图6-35所示。

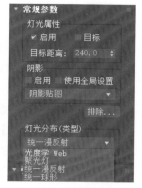

图6-35　"常规参数"卷展栏

光度学Web：光度学Web分布使用光域网定义分布灯光。如果选择该灯光类型，在"修改"面板上将显示对应的卷展栏。

聚光灯：当使用聚光灯分布创建或选择光度学灯光时，"修改"面板上将显示对应的卷展栏。

统一漫反射：统一漫反射分布仅在半球体中投射漫反射灯光，就如同从某个表面发射光一样。统一漫反射分布规律：从各个角度观看灯光时，它都具有相同明显的强度。

统一球形：统一球形分布，如其名称所示，可在各个方向上均匀投射灯光。

（3）强度/颜色/衰减

如图6-36所示，设置灯光的颜色、强度和衰减极限等。

"颜色"组

［灯光列表］：选择预制灯光类型及颜色。

开尔文：通过色温微调器设置灯光的颜色。色温以开尔文度数显示。参数右侧的色块，显示用户选择的灯光颜色。

过滤颜色：使用颜色过滤器模拟光源上的过滤色效果。

图6-36"强度/颜色/衰减"卷展栏

"强度"组

强度：以物理单位指定光度学灯光的强度或亮度。

lm（流明）：表示灯光（光通量）的输出功率。100W灯泡约有1750lm的光通量。

cd（坎德拉）：表示灯光的最大发光强度。100W灯泡的发光强度约为139cd。

lx（lux，勒克斯）：即光照度，表示受光对象表面单位面积上受到的光通量。

"暗淡"组

结果强度：显示暗淡所产生的强度。

暗淡百分比：勾选该选项后，会指定用于降低灯光强度的百分比数值。百分比较低时，灯光较暗。

光线暗淡时白炽灯颜色会切换：勾选该选项后，灯光可在暗淡时产生黄色光来模拟白炽灯。

（4）"图形/区域阴影"卷展栏

如图6-37所示，用于生成灯光阴影。

"图形"组

下拉列表：使用该下拉列表，选择阴影生成的图形效果。

点光源：生成类似于点光源产生的阴影。

线：生成类似于线光源产生的阴影。

矩形：生成类似于矩形光源产生的阴影。

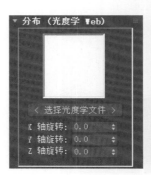

图6-37 "图形/区域阴影"卷展栏

"渲染"组

灯光图形在渲染中可见：勾选此选项后，灯光图形在渲染中会显示为照明的图形。关闭此选项后，将无法渲染灯光图形。

6.3.3 案例：壁灯效果的制作

案例学习目标：创建光度学目标灯光，并将灯光指定为Web灯光。

案例知识要点：学习如何创建光度学目标灯光并利用光域网文件进行照明设置，模拟壁灯效果。

效果所在位置：本书配套文件包>第6章>案

例：壁灯效果的制作。

① 打开初始效果文件，单击"＋（创建）>（灯光）>光度学>目标灯光"按钮，在视图中创建目标灯光，位置如图6-38所示。

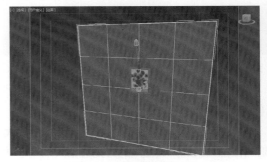

图6-38 创建目标灯光

② 在"常规参数"卷展栏中选择"灯光分布（类型）"为"光度学Web"（图6-39）。在"分布（光度学Web）"卷展栏中单击 ＜ 选择光度学文件 ＞ 按钮，在弹出的对话框中选择"光域网.ies"光度学文件，单击"打开"按钮，这时 ＜ 选择光度学文件 ＞ 按钮转换为 光域网 （图6-40）。

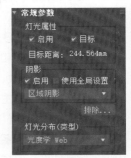

图6-39 目标参数面板

（a）添加"光域网"前 （b）添加"光域网"后

图6-40 选择并添加光度学文件

③ 按键盘上的F9键，进行渲染测试，得到如图6-41所示的效果，画面效果与灯光的位置和参数设置有关，通过不同距离和不同强度的参数调节，可以制作出丰富的灯光效果。大家可以多下载一些光域网文件进行测试，多加练习熟悉用法和使用技巧。

图6-41　灯光渲染测试效果

6.4 ▶ 摄影机

在3ds Max中摄影机对象用于模拟现实世界中的静止图像、运动图片或视频摄像等。摄影机对象的设置和操控与现实生活中的摄影机基本一样，但比现实生活中的摄影机更为灵活和方便。3ds Max中摄影机对象是三维场景中必不可少的组成部分，最后制作完成的场景和动画都要它来表现，它的功能比现实中摄影机更加强大、更加便利。在3ds Max 2020中包含两种摄影机类型，一种是物理摄影机；一种是传统摄影机（图6-42），包括目标摄影机和自由摄影机。其中，目标摄影机创建一个双图标，用于表示摄影机本身（与蓝色三角形相交的蓝色框）和摄影机目标对象（蓝色框）。自由摄影机创建单个图标，表示摄影机本身及其视野。

物理摄影机是可以实现真实照片级渲染的摄影机类型。与3ds Max其他摄影机相比，它模拟真实的摄影机成像效果，能更轻松地调节透视关系。它提供ISO感光度、快门速度、光圈、白平衡和曝光值等设置，另外还有许多其他的特殊功能和效果，接近真实的单反相机。需要指出的是，物理摄影机的使用相对复杂，需要使用者在前期对摄像摄影的相关概念和参数有一定了解，并在大量练习之后才能熟悉掌握使用技巧。对于一般的渲染项目而言，使用3ds Max默认的目标或者自由摄影机即可。

目标摄影机是3ds Max软件默认的摄影机类型，配合目标对象使用，用于表现以目标对象为中心的场景内容，易于定位，方便操作。目标摄影机本身及其目标对象可以设置动画，可以将它们分别设置不同的动画，在摄影机本身独立运动时，还可以通过目标对象的移动来控制拍摄场景。

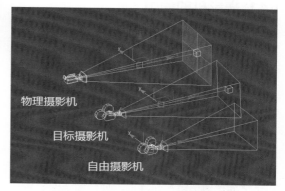

图6-42　自由摄影和目标摄影机

自由摄影机没有目标对象，只有摄影机本身，表现镜头所指方向内的场景内容，多应用于轨迹动画，视图画面随着路径的变化而变化，例如室内巡游、室外鸟瞰、车辆跟踪等动画。当需要摄影机沿着路径表现动画时，使用自由摄影机更加方便。

提示　对于三维软件的摄影机对象和真实世界的摄影机来说，三维软件中的摄影机对象并不需要像真实的摄影机那样复杂的操作，如手动聚焦、移动轨道和推拉胶片等。3ds Max 2020可以实现真实世界摄影机的移动操作（例如平移、推拉和摇移）以及相对应的取景控制功能。如图6-43所示，左图为场景中摄影机示例，右图为摄影机镜头中的画面效果。

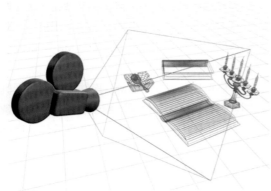

图6-43　摄影机示例及渲染效果

6.4.1 摄影机的使用

要使用摄影机，首先要创建摄影机，将镜头或目标对象指向场景中的对象。如果使用目标摄影机，则拖动目标对象使其位于摄影机观看的方向或对象。如果使用自由摄影机，则应旋转和移动摄影机图标使其面向需要观看的方向或对象。

选择摄影机时，如果场景中只存在一个摄影机，可以在激活视口点击C键，切换到"摄影机"视口；如果存在多个摄影机，点击C键会弹出来"选择摄影机"对话框，然后再选择需要的摄影机即可。

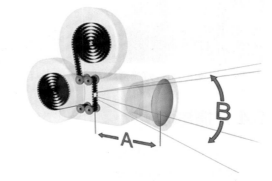

图6-44　真实世界摄影机测量（A为焦距长度；B为视野，即FOV）

（1）摄影机特性

真实世界的摄影机通过镜头将物体反射的光线收集，再通过摄像器件把光转变为电能，即得到了"视频信号"（图6-44）。

焦距：镜头和灯光敏感性曲面间的距离。焦距影响对象出现在图片上的清晰度。焦距越小，镜头中包含的场景就越广，但是远距离对象会变模糊；加大焦距则远距离对象会变清晰。

焦距以毫米为单位进行测量。50mm镜头通常是摄影的标准镜头。焦距小于50mm的镜头称为短镜头或广角镜头。焦距大于50mm的镜头称为长镜头或长焦镜头。

视野（FOV）：视野（FOV）控制可见场景的范围，它与镜头的焦距直接相关。镜头越长，FOV越窄。镜头越短，FOV越宽。

FOV和透视的关系如下。

短焦距（宽FOV）强化透视变形，使对象看

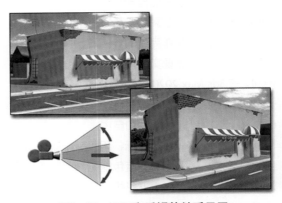

图6-45　FOV和透视的关系示图

起来更宏伟、更高大（图6-45右下图）。

长焦距（窄FOV）弱化透视变形，使对象看起来压平或与观察者平行（图6-45左上图）。

需要指出的是，50mm镜头的使用频率较高，主要原因是它接近肉眼看到的透视效果，这样的镜头广泛地用于摄影、新闻照片、电影等。

（2）使用剪切平面排除几何体

使用剪切平面可以排除场景中的一些对象，只查看或渲染场景的某些部分。每个摄影机对象都具有近端和远端剪切平面。对于摄影机而言，比近距剪切平面近或比远距剪切平面远的对象是不可视的。如果场景中有许多复杂几何体，那么剪切平面对渲染其中选定部分的场景非常有用。如图6-46所示，左下图为剪切平面排除前景椅子和桌子前方区域，右下图为剪切平面排除背景椅子和桌子后方区域。

剪切平面设置是摄影机参数设置的一部分。每个剪切平面的位置是沿着摄影机的视线（Z轴）进行测量的。可以分别设置摄影机的近端剪切平面或者远端剪切平面，来排除近平面对象或远平面对象，当然也可以同时设置近端和远端剪切平面。

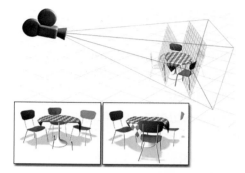

图6-46　使用剪切平面排除几何体

（3）安全框

"安全框"用于显示渲染视口的哪一部分可见，检查渲染输出中可能裁剪的部分对象或画面。要查看安全框，可以从视口左上角标签菜单选择"显示安全框"或者点击键盘上的 `Shift` +F快捷键，摄影机视口中将会显示四个矩形，最外面是淡黄色，里面是淡蓝色、黄色，最里面是紫色（图6-47）。外部淡黄色矩形表示当前渲染画面的区域和纵横比。中间的淡蓝色矩形是动作安全框，对象的动画或动作尽量放在该安全框内。中间黄色矩形表示字幕安全框，标题及文字等尽量放置在该安全框内。内部紫色矩形表示用户安全框，重要的画面对象尽量放置在该安全框内。这些安全框方便查看视口中渲染输出的对象是否完整，画面的纵横比等是否正确等，是非常有用的控件。

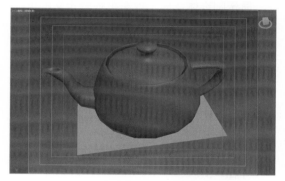

图6-47　摄影机视口中显示安全框

（4）设置摄影机动画

当"设置关键点"或"自动关键点"按钮处于启用状态时，在不同的关键帧中变换或更改摄影机参数就可以设置摄影机的动画，计算机会自动在关键帧之间插补摄影机的变换及参数值。通常，在场景动画中，需要不停地移动摄影机时，最好使用自由摄影机。而在其他一些场景动画中，需要固定摄影机位置时，则使用目标摄影机设置动画会更加方便。

6.4.2 摄影机参数

（1）"参数"卷展栏

"参数"卷展栏如图6-48所示。

镜头：以毫米为单位设置摄影机的焦距。可以使用镜头微调器指定焦距值，也可以使用备用镜头组框中的预设值。

$\leftrightarrow$：选择应用视野（FOV）值，包括水平、垂直、对角线3种方式。

视野：决定摄影机

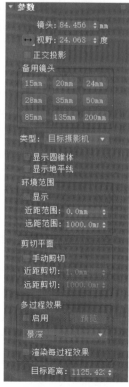

图6-48 "参数"
卷展栏

查看区域的宽度（视野）。

正交投影：启用该选项后，摄影机视图看起来就像没有透视关系的正交视图。禁用该选项后，摄影机视图就像具有透视效果的正常视图。

"备用镜头"组

备用镜头组提供了9种常用镜头，以便快速选择。

类型：将摄影机类型在目标摄影机与自由摄影机之间切换。

显示圆锥体：显示摄影机视野定义的锥形光线。

显示地平线：在摄影机视口中显示一条深灰色的地平线线条。

"环境范围"组

近距范围/远距范围：设置大气效果的近距范围和远距范围限制。

显示：以矩形显示近距范围和远距范围。

"剪切平面"组

手动剪切：启用该选项可定义剪切平面。

近距剪切/远距剪切：设置需要剪切的近距和远距的平面，其效果图6-49所示。

图6-49 "近"距剪切平面和"远"距剪切平面

"多过程效果"组

启用：启用该选项后，使用效果预览或渲染。

预览：单击该按钮，在活动摄影机视口中预览效果。

［效果］列表：选择生成景深或运动模糊等效果。默认设置为景深。

渲染每过程效果：启用该选项后，将渲染效果应用到多重效果的每个过程（景深或运动模糊）。

目标距离：使用目标摄影机，表示摄影机和目标对象之间的距离。

（2）"景深参数"卷展栏（图6-50）

"焦点深度"组

使用目标距离：将摄影机的目标距离用作摄影机的焦点距离。默认设置为启用。

焦点深度：禁用使用目标距离时，设置目标距离偏移摄影机的深度。

图6-50 "景深参数"卷展栏

"采样"组

显示过程：启用该选项后，渲染帧窗口显示多个渲染通道。禁用该选项后，帧窗口只显示最终的结果。

使用初始位置：启用该选项后，第1个渲染过程位于摄影机的初始位置。禁用该选项后，与所有随后的过程一样偏移第1个渲染过程。

过程总数：生成效果的过程数。提高此值可以增强渲染效果，但以增加渲染时间为代价。

采样半径：调整生成模糊的半径。增加该值将增加整体的模糊程度。减小该值将减少模糊程度。

采样偏移：设置靠近或远离采样半径的权重。

"过程混合"组

规格化权重：启用此选项后，画面效果会变得较平滑。禁用后，画面会变得清晰，但颗粒效果更明显。

抖动强度：控制渲染通道的抖动程度。增加此值会增加抖动量，并生成颗粒状效果。

平铺大小：设置抖动时图案的大小。

"扫描线渲染器参数"组

禁用过滤/禁用抗锯齿：启用该选项后，禁用过滤过程和抗锯齿。默认设置为禁用。

6.4.3 案例：摄影机动画的创建

案例学习目标：创建目标摄影机，掌握摄影机绑定路径的使用方式。

案例知识要点：使用目标摄影机配合路径创建摄影机漫游动画，通过路径约束命令，分别对摄影机和目标点的绑定进行动画设置。

效果所在位置：本书配套文件包>第6章>案例：摄影机动画的创建。

① 单击"　（创建）>　（图形）>样条线>线"按钮创建一条曲线，随后在创建面板创建一个虚拟对象，调整后的位置如图6-51所示。

② 单击"　（创建）>　（摄影机）>标准>自由"按钮，在视图中创建一个自由摄影机，摄影机的摆放位置如图6-52所示，摄影机高度处于人的视角高度即可。摄影机参数设置如图6-53所示。

③ 点击　（时间配置）按钮，配置动画的时间长度为200帧（图6-54）。选择虚拟对象，单击动画菜单下的"约束>路径约束"命令，将虚拟对象约束到创建好的曲线上。然后选择自由摄影机，利用主工具栏上

图6-53　摄影机参数设置

的　（绑定）按钮，将摄影机绑定到虚拟对象上（图6-55），这样就可以通过虚拟对象来控制摄影机的位移了。

图6-54　时间配置更改为200帧

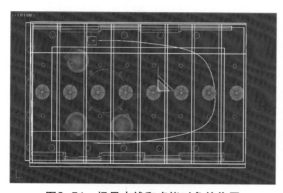

图6-51　场景中线和虚拟对象的位置

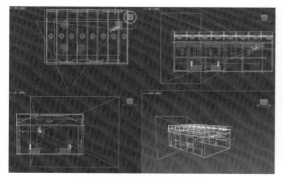

图6-52 创建自由摄影机

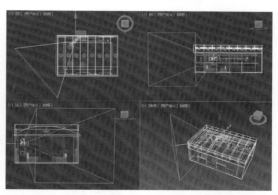

图6-55　摄影机绑定到虚拟对象，虚拟对象路径约束到样条线

④ 设置完成后，点击键盘上的C键，快速切换到摄影机视图，拖动时间滑块观看动画效果。图6-56所示为100帧的动画效果。

⑤ 为了使摄影机动画更加生动，为摄影机添加注视约束，选择自由摄影机后，单击动画菜单下的"约束>注视约束"命令（图6-57），再选择场景中的对象（图6-58），这样摄影机画面就会一直面对该对象。

⑥ 设置完成后，再次播放动画效果（图6-59），随后就可以设置渲染参数，输出摄影机动画。

图6-56　第100帧的画面效果

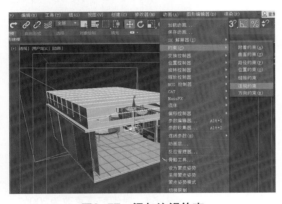

图6-57　添加注视约束

图6-58　选择注视约束的目标

（a）第20帧

（b）第80帧

（c）第140帧

（d）第180帧

图6-59　播放动画效果

6.5 ▶ 课堂实训：室内间接灯光表现

实训目标：学习室内间接灯光表现的基本原理和方法，掌握间接照明的创建方式和灯光群体控制方式，为场景的照明进行合理的设置和安排。

实训要点：泛光灯和目标光源的创建和参数调整，通过灯光阵列来实现室内场景的间接照明。

效果所在位置：本书配套文件包>第6章>课堂实训：室内间接灯光表现。

① 打开"室内间接灯光表现初始效果"文件，单击"➕（创建）> 💡（灯光）>标准>目标聚光灯"按钮，在场景中创建一个主光源照明，摆放位置并修改参数如图6-60所示。

② 单击"➕（创建）> 💡（灯光）>标准>泛光灯"按钮，在场景中心创建一组补光照明，位置和参数如图6-61所示，然后在吊顶的位置继续复制泛光灯进行顶部的照明设置，需要复制四排吊顶泛光灯，位置和参数如图6-62所示。

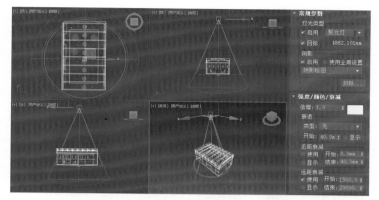

图6-60　目标聚光灯位置和修改参数

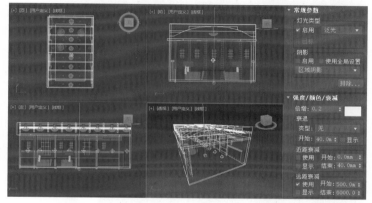

图6-61　中间泛光灯的补光位置

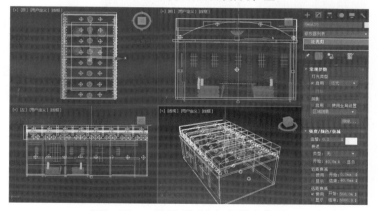

图6-62　四排吊顶泛光灯的补光位置

提示 在制作灯光阵列时，首先创建一个灯光，对它进行复制的时候最好采取"实例"的方式，这样后期在修改参数的时候只需要修改一个灯光的参数，其他灯光会随之发生改变，这样可以大大加快制作的效率。

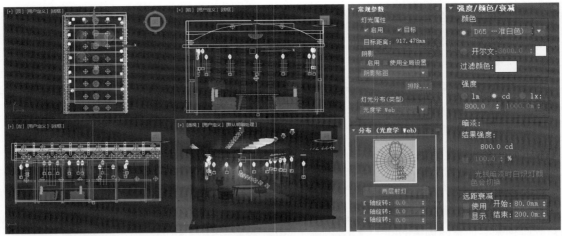

图6-63 两边目标灯光的补光位置

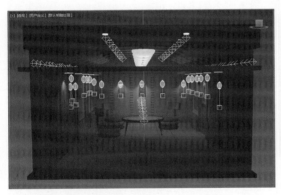

图6-64 所有灯光在视图中的位置

图6-65 最终渲染效果

③ 单击"■（创建）>■（灯光）>光度学>目标灯光"按钮，在场景墙壁上的射灯位置创建一组目标灯光，位置和参数如图6-63所示。

④ 调整好灯光的位置如图6-64所示，按键盘上的F9键，对当前摄影机视图进行渲染，最终得到如图6-65所示的效果。

课后习题 打开本书配套文件包中的"静物灯光的创建_初始效果"文件，效果如图6-66所示，练习使用景物场景布光的原理和方法进行静物灯光的创建，实现如图6-67所示的渲染效果。具体操作步骤和最终效果文件见文件包。

图6-66 初始效果

图6-67 渲染效果

第 **7** 章
基础动画制作

本章内容 3ds Max提供了大量的动画制作工具。它具有强大的动画制作功能，既可以制作简单的基础动画，也可以制作复杂的高级角色动画、MassFX物理模拟动画、粒子动画等。另外，动画还可以与一些修改器、灯光应用密切联系，通过编辑这些修改器，以及变化灯光、摄影机，就可以制作动画。总之，对象的任何变化都可以记录成动画，并以数字格式保存。

学习目标 了解动画的基础知识；掌握关键帧动画使用方法；熟悉视图窗口的使用方法；掌握约束动画功能的使用方法；掌握动画修改器的使用方法。

7.1 ▶ 动画基础知识

在系统学习动画制作之前，应先掌握一些有关动画的基础知识。动画是以人类眼睛的"视觉暂留"原理为基础制作的。在观看一系列快速运动的静态图像时，由于人脑的生理结构具有"视觉暂留"特性，大脑会感到这些静态图像画面是连续的、不间断的动态效果，从而会将其作为关联性的影像来认知，这也是电影、动画等视听艺术制作的基本原理。动画是由连续的静态图像组成的，其中每幅静态图像称为"帧"或者"单帧"（图7-1）。例如根据国际标准PAL制式制作的影片，帧频是25帧每秒，即每秒钟包含25张静态图像。

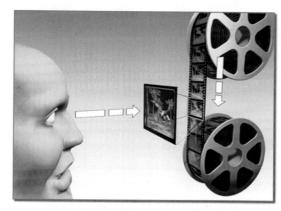

图7-1 帧是动画电影中的单个图像

通常，创建动画的主要难点在于动画师必须制作大量"帧"画面。一分钟的动画需要720～1800个图像，这取决于动画的质量。用手来绘制图像是一项艰巨的任务，因此出现了一种称之为关键帧的技术。传统动画工作室为了提高工作效率，只让动画师绘制重要的帧，称为关键帧。然后助理动画师绘出关键帧之间的过渡帧，这些填充在关键帧中的帧称为中间帧（图7-2）。画出了所有关键帧和中间帧之后，需要

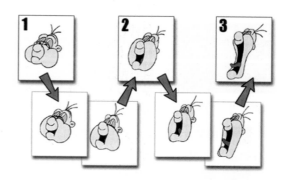

图7-2 标记为1、2和3的是关键帧，
其他帧是中间帧

链接或渲染图像以产生最终影像。即使在今天，传统动画的制作过程都需要数百名艺术家绘制上千幅图像。

在3ds Max中，动画师只需创建记录每个动画片段起点和终点的关键帧。这些关键帧也称为关键点。然后，3ds Max将计算关键点之间的插补值，从而生成完整动画（图7-3）。在3ds Max中，可以为场景中的任意参数创建动画，可以设置修改器动画（如弯曲、锥化）、材质参数的动画（如颜色、透明度）等。指定动画参数之后，渲染器会承担着色和渲染每个关键帧的工作，最终生成高质量的动画影像。

图7-3 位于1和2的模型位置是关键帧，计算机产生中间帧

7.1.1 动画控制区

动画控制区位于3ds Max软件界面窗口底部的状态栏和视图控制区之间，如图7-4上图所示，主要用于动画关键帧设置、动画的播放以及动画时间的控制等。

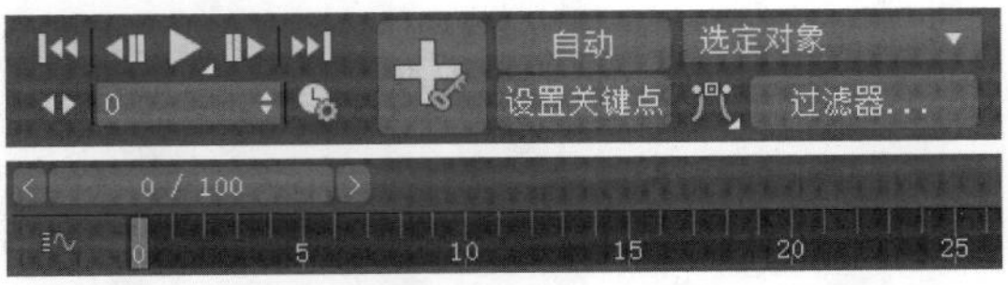

图7-4 动画播放控制区、轨迹栏与时间滑块

（设置关键点）：单击此按钮为选择对象在轨迹栏上设置关键点。

自动：单击该按钮，激活自动记录关键点模式，对象的所有变换、参数调整等都会自动设置成关键帧并记录在轨迹栏中。

设置关键点：该按钮称为手动记录关键点模式，可以使用"设置关键点"按钮和"关键点过滤器"的组合为选定对象创建关键点。与"自动关键点"模式不同，利用"设置关键点"模式可以控制设置关键点的操作对象、时间等。

选定对象：使用"设置关键点"模式时，可快速选择操作对象。

（新建关键点的默认出/入切线）：该按钮为新建的动画关键点提供切线类型。

过滤器…：点击该按钮打开"设置关键点过滤器"对话框，可以指定创建关键点所在的轨迹。

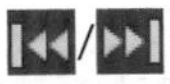

（转至开头/转至结尾）：单击该按钮，时间滑块快速跳至第0帧/最后一帧。

（上一帧/下一帧点）：单击该按钮，时间滑块倒回至前一帧/移动到下一帧。

（播放/停止）："播放"按钮用于在活动视口中播放动画。在播放动画时，"播放"按钮将变为"停止"按钮，此时点击"停止"按钮，时间滑块会停止在当前帧。

（关键点模式）：使用"关键点模式"，时间滑块在轨迹栏中的关键帧之间直接跳转。

0：在该处输入数值，使时间滑块直接跳到指定帧。

7.1.2 轨迹栏与时间滑块

轨迹栏提供了显示帧数（或相应的显示单位）的时间线，用于移动、复制和删除关键点，以及更改关键点属性等。在视口中选择一个对象，轨迹栏上就会显示其动画关键点。轨迹栏还可以显示多个选定对象的关键点（图7-4下图）。

时间滑块代表当前帧，通过它移动到活动时间段的任何帧上，进而观察和设置不同的时间点和动画效果。时间滑块左侧和右侧两个数字分别表示当前时间滑块所在的帧数和动画终止帧数，如 0 / 100 表示当前时间滑块在第0帧，动画终止为第100帧。

7.1.3 "时间配置"对话框

单击动画播放控制区中的 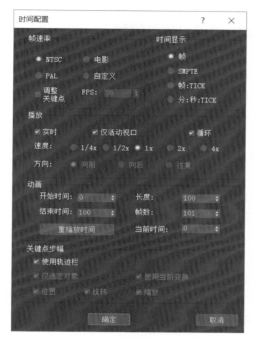（时间配置）按钮，弹出"时间配置"对话框（图7-5）。该对话框提供了帧速率、时间显示、播放和动画设置。通过这些设置可以更改动画长度，设置活动时间段、开始帧和结束帧等。

图7-5　"时间配置"对话框

"帧速率"组

NTSC/电影/PAL/自定义：设置每秒的帧数，即帧速率（FPS）。前3个选项使用预设的FPS，"自定义"选项可以根据需要设置FPS。

FPS（帧速率）：采用每秒帧数来设置动画的帧速率。NTSC制式视频使用30fps帧速率；电影使用24fps帧速率；Web和多媒体动画则使用更低的帧速率。目前，中国使用的是PAL制式视频格式，即使用25fps的帧速率。

"时间显示"组

指定时间滑块及整个轨迹栏中显示时间的方法，有帧数、分钟数、秒数和刻度数。如时间滑块位于第35帧，并且"帧速率"设置为30fps，时间滑块将针对不同的时间显示设置显示以下数值："**帧**：35""**SMPTE：0**：1：5""**帧：**

TICK：35：0""**分：秒：TICK**：0：1：800"。

"播放"组

实时：设置动画的播放速度。速度设置只影响动画在视口中的播放，不影响渲染效果。

仅活动视口：动画播放只在活动视口中进行。禁用该选项后，所有视口都将显示动画。

循环：控制动画是只播放一次，还是重复播放。

方向：将动画设置为向前播放、反转播放或重复播放。

"动画"组

开始时间/结束时间：设置在轨迹栏中显示的活动时间段。

长度：显示活动时间段的帧数。

帧数：渲染时间段的数量。帧数为"长度+1"，如长度为"100"帧的时间段，渲染出的帧数就是"101"。

当前时间：指定时间滑块的当前帧。

　重缩放时间　：拉伸或收缩时间段内的动画，并重新定位轨迹中所有关键点的位置，使动画播放得更快或更慢。

"关键点步幅"组

使用轨迹栏：在"关键点模式"下使轨迹栏中的帧记录所有动画关键点。

仅选定对象：在"关键点模式"下只记录选定对象的动画关键点。

使用当前变换：在"关键点模式"下使用当前变换，禁用"位置""旋转"和"缩放"。

位置/旋转/缩放：指定"关键点模式"所使用的变换。

7.2 ▶ 关键帧动画设置

关键帧动画是最基本的动画制作手段，主要记录对象的移动、旋转、缩放变化。在3ds Max中有两种记录关键帧动画方式，可以根据习惯使用"自动关键点"或"设置关键点"方式来创建关键帧动画。使用方法如下。

① 自动关键点：单击　自动　按钮，将时

间滑块移动合适的时间帧，然后更改场景中的对象，包括对象的位置、旋转或缩放的参数等。

② 设置关键点：单击 设置关键点 按钮，将时间滑块移动合适的时间帧，然后更改场景中的对象，若要将物体的更改记录为动画，需要配合 （锁定）按钮来指定关键帧。

7.2.1 创建自动关键帧

下面以创建自动关键帧的方式制作小球摆动的关键帧动画。

① 打开本书的配套文件包中的初始文件（文件包>第7章>自动关键帧小球摆动），单击动画面板中的自动关键帧按钮，该按钮显示为 自动 （红色）状态，效果如图7-6所示。

② 将时间滑块拖动到第25帧处，单击主工具栏中的 C （旋转）按钮，在前视图中选择球体对象，按住鼠标左键沿Y轴向下拖拽鼠标，将球体旋转一定角度（图7-7）。

图7-6　初始小球效果　　图7-7　打开自动关键帧第25帧小球效果

③ 保持球体的选择状态，将时间滑块拖动到第50帧处，沿Y轴方向将球体旋转一定角度（图7-8）。

④ 保持球体的选择状态，将时间滑块拖动到第75帧处，继续沿着Y轴方向将球体旋转一定的角度（图7-9）。

 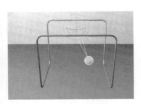

图7-8　第50帧小球动画设置效果　　图7-9　第75帧小球动画设置效果

⑤ 保持球体的选择状态，将时间滑块拖动到第100帧处，沿Y轴方向将球体旋转一定角度（图7-10）。

图7-10　第100帧小球动画设置效果

⑥ 设置完成后，可以单击 ▶ （播放）按钮播放效果动画。

7.2.2 创建设置关键帧

下面以创建设置关键帧的方式制作小球摆动效果。

① 打开本书配套文件包中的初始效果文件（文件包>第7章>设置关键帧小球摆动），点击动画控制区的 自动 ，效果如图7-11所示。

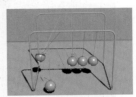

图7-11　打开文件后的效果

② 单击动画控制区的"设置关键帧"按钮，该按钮显示为 自动 （红色）状态，拖动时间滑块到第10帧，将最左边的小球通过旋转工具移动到其他3个小球的旁边，单击左边的 + 钥匙按钮。这样手动关键帧的设置就完成了，效果如图7-12所示。

③ 按照第②步的操作，通过主工具栏中的 C （旋转）按钮，设置左边小球分别在第30、40、50、70、80、90、100帧的位置，设置右边小球分别在第20、30、50、60、70、90、100帧的位置，手动设置旋转动画效果，效果如图7-13～图7-15　所示。

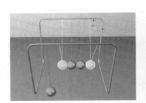 

图7-12　第10帧小球手动设置动画效果　　图7-13　第20、60、100帧小球手动设置动画效果

图7-14 第30、50、70、90帧小球手动设置动画效果

图7-15 第40、80帧小球手动设置动画效果

④ 设置完成后，可以单击 ▶（播放）按钮播放效果动画。

图7-17 曲面约束能在地球上定位天气符号

7.3 ▶ 约束动画控制器

约束动画控制器工具可以实现动画制作过程的自动化。它们通过与其他对象的绑定关系，控制对象位移、旋转和缩放等。约束控制器需要一个约束对象及至少一个目标对象，目标对象对约束对象施加特定的限制。例如，如果要设置飞机沿着预定跑道起飞的动画，应该使用路径约束限制飞机按照样条线路径进行运动。

3ds Max 2020中的约束功能主要有以下几种。

① 附着约束：将对象的位置附着到另一个对象的表面，其效果如图7-16所示。

② 曲面约束：将对象的位置限制到另一个对象的曲面上，其效果如图7-17所示。

③ 路径约束：将对象约束在样条线上，使

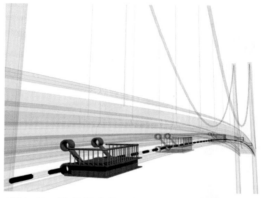

图7-18 路径约束使观光平台沿着桥的一边运动

图7-19 位置约束将会对齐机器各个部分

其沿着该样条线移动，或在多个样条线之间以平均间距进行移动。其效果如图7-18所示。

④ 位置约束：将对象约束到目标对象，受约束的对象会跟随目标对象的运动而运动。其效果如图7-19所示。

⑤ 链接约束：将约束对象链接到另一个对

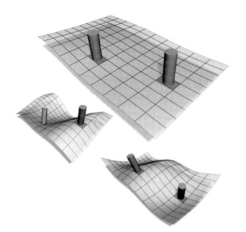

图7-16 附着约束保持圆柱体位于表面上

象，其效果如图7-20所示。

⑥ 注视约束：将约束对象始终注视另一个对象，其效果如图7-21所示。

⑦ 方向约束：将约束对象的旋转始终跟随另一个对象的旋转，其效果如图7-22所示。

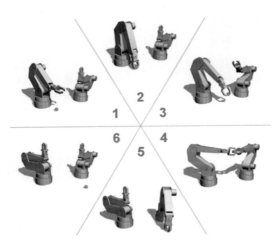

图7-20　链接约束可以使机器人的手臂传球

图7-21　注视约束可以控制碟形天线来跟踪卫星

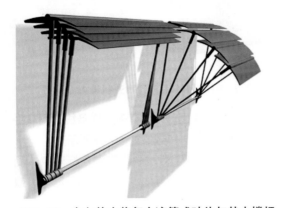

图7-22　方向约束将每个遮篷式叶片与其支撑杆对齐

7.3.1　路径约束

路径约束将沿着路径来约束对象的移动。路径可以是任意类型的样条线，约束对象只能在该路径上位移，但并不影响约束对象的其他动画设置和操作。

"路径参数"卷展栏

"路径参数"卷展栏如图7-23所示。

对象指定路径约束之后，就可以在 （运动面板）>"路径参数"卷展栏修改参数，包括添加或者删除目标、设置权重及动画等。

添加路径：添加新的样条线路径约束对象。

删除路径：从目标列表中移除路径。

图7-23　"路径参数"卷展栏

[路径列表]：显示路径及其权重。

权重：为目标指定权重并设置动画。

"路径选项"组

%沿路径：设置对象在路径上的位置百分比。

跟随：设置对象沿路径运动的方向。

倾斜：当对象通过样条线的弯曲位置时允许对象倾斜。

倾斜量：调整对象的倾斜幅度。

平滑度：控制对象在经过路径的转弯时运动的快慢程度。

允许翻转：启用此选项，对象在路径的弯曲位置行进时有翻转的情况。

恒定速度：对象沿着路径以恒定的速度运动。

循环：当约束对象到达路径末端时会循环回起始点。

相对：启用此项保持约束对象的原始位置。

"轴"组

X、Y、Z：定义对象的轴与路径轨迹对齐。

翻转：启用此项来翻转轴的方向。

7.3.2 注视约束

注视约束会控制约束对象的方向，使它一直注视另外一个或多个对象。例如，将角色的眼球约束到目标对象，然后眼睛会一直注视着对象。对目标对象设置动画，眼睛会跟随它运动。即使旋转了角色的头部，眼睛仍会锁定在目标对象上。

"注视约束"卷展栏

"注视约束"卷展栏如图7-24所示。

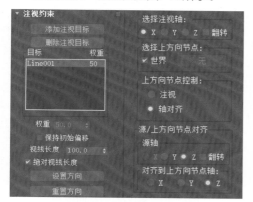

图7-24　"注视约束"卷展栏

添加注视目标：添加影响约束对象的目标。

删除注视目标：移除影响约束对象的目标。

［目标列表］：显示目标及其权重。

权重：为目标指定权重值并设置动画。

保持初始偏移：保持约束对象的原始方向。

视线长度：设置从约束对象到目标对象的视线长度。

绝对视线长度：启用此选项后，仅使用"视线长度"设置主视线的长度。

设置方向：对约束对象的偏移方向进行手动设置。

重置方向：将约束对象的方向恢复成默认值。

"选择注视轴"组

确定注视目标的轴。X、Y、Z复选框反映约束对象的局部坐标轴。"翻转"复选框会反转局部轴的方向。

"选择上方向节点"组

默认上方向节点是世界。对上方向节点对象设置动画会移除上方向节点平面。

"上方向节点控制"组

设置在注视上方向节点控制和轴对齐之间快速切换。

注视：选中此选项后，上方向节点与注视目标相匹配。

轴对齐：选中此选项后，上方向节点与对象轴对齐。

"源/上方向节点对齐"组

源轴：选择与上方向节点轴对齐的约束对象的轴。

对齐到上方向节点轴：选择与选中的原轴对齐的上方向节点轴。

7.3.3 方向约束

方向约束的约束对象可以是任何可旋转对象。受约束时，约束对象会从目标对象继承其旋转。一旦约束后，便不能手动旋转该约束对象，但是仍然可以移动或缩放该对象。目标对象可以是任意类型的对象，它的旋转会带动约束对象。

"方向约束"卷展栏

"方向约束"卷展栏如图7-25所示。

添加方向目标：添加影响约束对象的目标对象。

将世界作为目标添加：将约束对象与世界坐标轴对齐。

图7-25　"方向约束"卷展栏

删除方向目标：移除影响约束对象的目标对象。

［目标列表］：显示目标及其权重。

权重：为目标指定权重并设置动画。

保持初始偏移：保持约束对象的初始方向。

"变换规则"组

局部—>局部：选择此按钮后，局部节点变换将用于方向约束。

世界—>世界：选择此按钮后，将应用父变换或世界变换，而不应用局部节点变换。

7.3.4 案例：注视动画的制作

案例学习目标：掌握注视动画的操作方式和参数调节。

案例知识要点：通过动画控制器的添加和参数调节，结合自动关键帧动画，来调整注视约束的实现，实现不同物体的相互影响。

效果所在位置：本书配套文件包>第7章>案例：注视动画的制作。

图7-26　初始场景设置

图7-27　注视约束命令

图7-28　注视约束参数面板

① 打开本书配套文件包>第7章>案例：注视动画的制作中的初始效果文件（图7-26）。

② 选择雪人的黑色眼球，再选择"动画菜单>约束>注视约束"命令（图7-27）。这样就为眼球物体指定了注视约束控制器，然后切换到运动面板，将"注视约束"卷展栏下的"保持初始偏移"选中（图7-28）。同理，将另外一个眼球按照相同的操作注视约束到前方的小球。

③ 点击时间轴下方的　自动　按钮，然后在视图中选择黄色小球，开始设置小球的移动动画，在第25帧的移动位置如图7-29所示，在第50帧的移动位置如图7-30所示，在第75帧的移动位置如图7-31所示，在第100帧的移动位置如图7-32所示。

图7-29　第25帧的动画效果

图7-30　第50帧的动画效果

图7-31　第75帧的动画效果

图7-32　第100帧的动画效果

④ 小球动画设置完成，点击 [自动] 按钮关闭动画设置，单击 ▶（播放）按钮播放效果动画。

7.4 ▶ 常用动画修改器

7.4.1 路径变形修改器

路径变形修改器将样条线或NURBS曲线作为路径来设置对象的移动轨迹。通过该修改器，可以沿着该路径移动和拉伸对象，也可以沿着该路径旋转和扭曲对象，效果如图7-33所示。

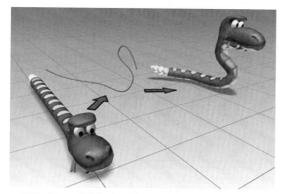

图7-33 "路径变形"为蛇创建一个摆动动作

要使用"路径变形"修改器，首先选中路径变形对象应用该修改器，然后单击 [拾取路径] 按钮并选择样条线或曲线。将对象指定给了路径，就可以调整其参数，使对象沿着路径的Gizmo变形或设置动画。

"参数"卷展栏

"参数"卷展栏如图7-34所示。

"路径变形"组

提供拾取路径、调整对象位置和沿着路径变形的控件。

路径：显示选定路径对象的名称。

图7-34 "参数"卷展栏

[拾取路径]：单击该按钮，选择一条样条线或NURBS曲线以作为路径使用。

百分比：设置路径长度的百分比。

拉伸：对路径对象进行比例拉伸。

旋转：沿着路径旋转路径对象。

扭曲：沿着路径扭曲路径对象。

"路径变形轴"组

X、Y、Z：选择一条轴旋转Gizmo，使其与对象的局部轴相对齐。

翻转：将Gizmo围绕指定轴反转180°。

7.4.2 柔体修改器

柔体修改器通过对象顶点之间的虚拟弹力线来模拟柔体效果。通过设置弹力线的刚度，就能有效控制顶点如何接近、如何拉伸，以及设置移动的距离。该修改器通过"顶点"控制对象移动，还可以通过"顶点"控制倾斜值以及弹力线角度的更改。效果如图7-35所示。

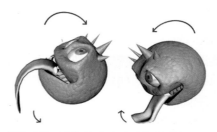

图7-35 柔体使舌头随头部旋转而摇摆

柔体修改器能够用于多边形、面片、FFD空间扭曲以及任何可变形对象，也可与"重力""风""马达""推力"和"粒子爆炸"等空间扭曲一起使用，模拟出逼真的动画效果。另外，柔体修改器还可以对可变形对象应用导向器以模拟碰撞。对于角色动画而言，在"蒙皮"修改器之上使用柔体修改器可为动画角色添加辅助运动效果，包括在应用Physique修改器的Biped动画角色上添加柔体修改器，效果如图7-36所示。

图7-36 应用柔体修改器的触须会像弹簧一样移动

下面对柔体修改器的卷展栏进行介绍。

（1）"参数"卷展栏

"参数"卷展栏如图7-37所示。

柔软度：设置柔体效果和弯曲量。范围为0.0～1000，默认值为1.0。提高该值将会增加拉伸效果，降低该值则会减小拉伸。

图7-37 "参数"卷展栏

强度：设置对象的弹力强度。范围为0.0～100。默认值为3.0。100代表刚体。

倾斜：设置对象停止移动的时间。范围为0.0～100。默认值为7.0。较低值会增加对象停止移动的时间。

使用跟随弹力：启用时会启用跟随弹力。禁用时，不使用跟随弹力。默认设置为启用。

使用权重：启用时，"柔体"为对象顶点分配不同的权重，相应地应用不同的变形量。禁用时，柔体效果将平均地应用于对象。默认设置为启用。如果需要对象受力和导向器的影响，请禁用"使用权重"。

［解算器类型］：从下拉列表中为模拟选择一个解算器。3个选项分别是"Euler""中点""Runge-Kutta4"。默认设置为"Euler"。

采样：每帧中按相等时间间隔运行"柔软度"模拟的次数。采样越多，模拟越精确和稳定。

（2）"简单软体"卷展栏

"简单软体"卷展栏如图7-38所示，用于自动为整个对象确定弹力线设置。

图7-38 "简单软体"卷展栏

创建简单软体：按照"拉伸"和"刚度"快速实现软体设置。

拉伸：确定对象边的拉伸长度。

刚度：确定对象的刚度。

（3）"权重和绘制"卷展栏

"权重和绘制"卷展栏如图7-39所示。将"柔体"应用于对象时，柔体修改器将根据修改器中心到对象顶点的距离为每个顶点设置权重。权重越高，它就越不容易受到"柔体"效果的影响。

图7-39 "权重和绘制"卷展栏

"绘制权重"组

绘制：用于设置权重值。在任意子对象层级，单击"绘制"，然后在对象顶点上拖动光标，使用当前"强度"和"羽化"设置顶点权重。

强度：设置更改权重值的量。值越高，更改权重的速度越快。范围为−1.0～1.0。当强度为0.0时，绘制不会更改权重值。负值允许移除权重，在绘制时，可使用  键反转强度。

半径：以软件单位设置笔刷大小。如果在绘制前将鼠标光标放在对象上，会看到球形"笔刷"的线框，从而可以准确地设置"半径"。

羽化：设置笔刷中心到其边缘的强度衰减。默认值为0.7。范围为0.001～1.0。

"顶点权重"组

用于手动设置权重值。

绝对权重：启用该设置可为选定顶点指定绝对权重。禁用该设置，可根据"顶点权重"设置添加或移除权重。

顶点权重：为选定顶点指定权重。该选项能否使用取决于"绝对权重"选项是否为勾选的状态。

（4）"力和导向器"卷展栏

"力和导向器"卷展栏如图7-40所示。

"力"组

将"力"类别中的空间扭曲添加到"柔体"修改器。支持的空间扭曲包括置换、阻力、重力、马达、粒子爆炸、推力、漩涡、风等。

[空间扭曲列表]：显示应用于"柔体"修改器的粒子空间扭曲。

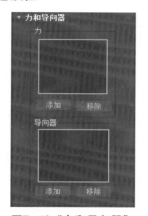

图7-40 "力和导向器"卷展栏

添加：单击此按钮，在视口中选择空间扭曲添加到"柔体"。

移除：在列表中选择一个空间扭曲，单击移除可从"柔体"中移除该效果。

"导向器"组

通过导向器模拟柔体对象的碰撞效果。支持的导向器包括泛方向导向板、泛方向导向球、通用泛方向导向器、通用导向器、导向球、导向板。

[导向器列表]：显示应用于"柔体"修改器的导向器。

添加：单击此控件，在视口中选择导向器将其添加到"柔体"。

移除：在列表中选择一个导向器，单击移除可从"柔体"中移除该效果。

（5）"高级参数"卷展栏

"高级参数"卷展栏如图7-41所示。

参考帧：设置"柔体"开始模拟的第一帧。

结束帧：启用时，设置"柔体"生效的最后一帧。在此帧后，对象恢复为初始形状。

图7-41 "高级参数"卷展栏

影响所有点：强制"柔体"忽略堆栈中的所有子对象选择，并对整个对象应用柔体。

设置参考：更新视口效果。

重置：将顶点权重重置为默认值。

（6）"高级弹力线"卷展栏

"高级弹力线"卷展栏如图7-42所示。柔体使用两种弹力线：一是边弹力线，仅沿现有边创建弹力线；二是图形弹力线，位于对象中任意两个不连接边的顶点之间。

启用高级弹力线：通过一系列控件控制弹力线。

图7-42 "高级弹力线"卷展栏

添加弹力线：为对象添加一条或多条弹力线。

提示　不能撤消此操作。要删除现有弹力线，请选择端点，然后单击"删除弹力线"。

选项：打开用于确定如何使用"添加弹力线"功能添加弹力线的弹力线选项对话框。

移除弹力线：在"权重和弹力线"子对象

层级删除已选中两端顶点的所有弹力线。

拉伸强度：确定边弹力线的强度。强度越高，边弹力线之间可以变化的距离越小。

拉伸倾斜：确定边弹力线的倾斜。强度越高，边弹力线之间的角度变化越小。

图形强度：确定图形弹力线的强度。强度越高，图形弹力线之间可以变化的距离越小。

图形倾斜：确定图形弹力线的倾斜。强度越高，图形弹力线之间的角度变化越小。

保持长度：将边弹力线长度保持在指定百分比。

显示弹力线：将边弹力线显示为蓝色线，将图形弹力线显示为红色线。弹力线仅在"柔体"子对象模式处于活动状态时可见。

7.4.3 变形器修改器

使用变形器修改器可以将多边形、面片或NURBS模型从一个形状变形为另一个形状，还可以应用于样条线形状和FFD自由变形器，效果如图7-43所示。此外，变形器修改器还支持材质变形等。

图7-43　使用变形器修改器制作的面部表情

变形器修改器一般用于设置三维角色的面部表情和口型变化，也可以用于更改任意三维模型的形状。它为变形目标和材质提供100个通道，通过混合这些通道百分比来调整模型的形态。需要注意的是，将变形器应用多边形对象时，基础对象和目标对象的顶点数必须相同。下面介绍变形器修改器参数卷展栏。

（1）"通道颜色图例"卷展栏

"通道颜色图例"卷展栏如图7-44所示。

操作者可以在指定变形目标前命名通道并设置其参数。

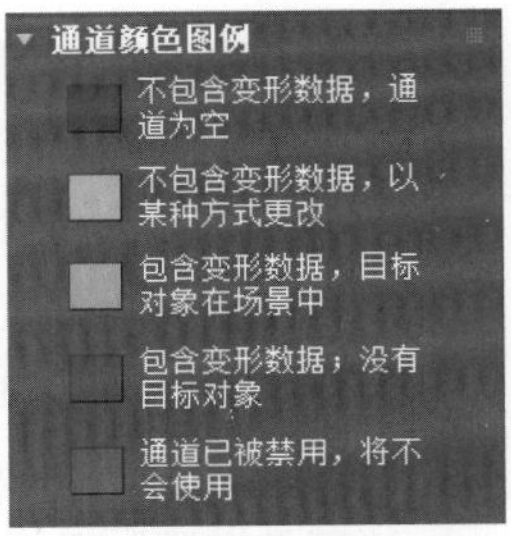

■（灰色）：通道为空且尚未编辑。

■（橙色）：通道已在某些方面更改，但不包含变形数据。

■（绿色）：通道处于活动状态。通道包含变形数据，且目标对象存在于场景中。

■（蓝色）：通道包含变形数据，但尚未从场景中删除目标。

■（深灰色）：通道已被禁用。

图7-44　"通道颜色图例"卷展栏

（2）"全局参数"卷展栏

"全局参数"卷展栏如图7-45所示。

"全局设置"组

使用限制：为所有通道使用最小和最大限制。

最小值：设置最小限制。

最大值：设置最大限制。

使用顶点选择：启用该按钮，可限制修改器中选定顶点的变形。

图7-45　"全局参数"卷展栏

"通道激活"组

全部设置：单击可激活所有通道。

不设置：单击可取消激活所有通道。

"变形材质"组

指定新材质：单击可将"变形器"材质指定给基础对象。

（3）"通道列表"卷展栏

"通道列表"卷展栏如图7-46所示。

[标记下拉列表]：在列表中显示保存的标记。

保存标记：在文本框中输入名称，然后单击"保存标记"以存储通道选择。

删除标记：删除列表中保存的标记名。

[通道列表]：提供100个变形通道，可更改通道名和顺序。为通道指定变形目标后，该目标的名称显示在通道列表中。每个通道具有一个百分比值和一个微调器。

列出范围：显示通道列表中的可见通道范围。

加载多个目标…：将多个变形目标加载到空通道中。

重新加载所有变形目标：重新加载所有变形目标。

活动通道值清零：如果已启用"自动关键点"，那么单击可为所有变形通道创建值为0的关键点。

自动重新加载目标：启用此命令允许修改器自动更新动画目标。

图7-46 "通道列表"卷展栏

（4）"通道参数"卷展栏

"通道参数"卷展栏如图7-47所示。

[通道编号]：单击通道名旁边的编号会显示菜单，使用该菜单上的命令可将通道分组，还可以查找通道。

[通道名称]：显示当前目标的名称。

通道处于活动状态：使用此控件可禁用特定通道。

（a）

（b）

图7-47 "通道参数"卷展栏

"创建变形目标"组

从场景中拾取对象：拾取对象会将模型添加到"渐进变形"列表中。

捕获当前状态：单击该按钮可创建使用当前通道值的目标。

删除：删除当前通道的指定目标。

提取：选择通道并单击此选项，可使用变形数据创建对象。

"通道设置"组

使用限制：启用按钮可在当前通道上使用限制。

最小值：设置最低限制。

最大值：设置最高限制。

使用顶点选择：仅变形当前通道上的选定顶点。

"渐进变形"组

[目标列表]：列出与当前通道关联的所有中间变形目标。

上移：在列表中向上移动选定的中间变形目标。

下移：在列表中向下移动选定的中间变形目标。

提示：为获得最佳效果，将原始变形目标移动到列表底部。

目标%：指定中间变形目标在整个变形中所占的百分比。

张力：指定中间变形目标之间的顶点变换的整体线性。

删除目标：从目标列表中删除选定的中间变形目标。

没有要重新加载的目标：将数据从当前目标重新加载到通道中。

（5）"高级参数"卷展栏

"高级参数"卷展栏如图7-48所示。

"微调器增量"组

指定微调器增量的大小。5.0为大增量，而

图7-48 "高级参数"卷展栏

0.1为小增量。默认值为1.0。

"通道使用"组

精简通道列表：删除通道之间的所有空通道来精简通道列表。

"近似内存使用情况"组

近似内存使用情况：显示当前的近似内存使用情况。

7.4.4 案例：飞舞丝带动画的制作

案例学习目标：掌握路径变形的操作方式和参数调节。

案例知识要点：通过路径变形修改器的添加和参数调节，结合自动关键帧动画，制作丝带飞舞的动画效果。

效果所在位置：本书配套文件包＞第7章＞案例：飞舞丝带动画的制作。

① 打开创建面板下的扩展几何体面板，创建一个切角长方体，参数设置如图7-49所示。

图7-49 切角长方体参数面板

② 在创建面板中的样条线中，点击"文本"按钮创建文字，输入文字"路径变形绑定（WSM）"，并设置大小为30，字间距为1.2，在渲染卷展栏中，将"在渲染中启用""在视口中启用"勾选，在"径向"组下的厚度和边选项分别输入1.5和12（图7-50），设置完成后的效果如图7-51所示。

图7-51 文字效果

③ 将创建的文字放在切角长方体的上面，与其对齐。打开创建面板下的样条线面板，创建一条螺旋线，参数设置如图7-52所示。创建完后的场景如图7-53所示。

④ 框选创建完成的切角长方体和文字，在修改器列表中添加"路径变形绑定"修改器（图7-54），然后点击"拾取路径"按钮，将视图中的螺旋线拾取进来。

图7-52 创建螺旋线面板

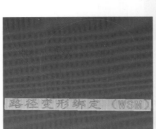

图7-53 创建完后的场景　图7-54 拾取路径

⑤ 打开自动关键帧按钮，拖动时间滑块到第0帧的位置，修改百分比为－21（图7-55），拖动时间滑块到第50帧的位置，修改百分比为49（图7-56），拖动时间滑块到第100帧的位置，修改百分比为119（图7-57）。

图7-50 创建文字并设置参数

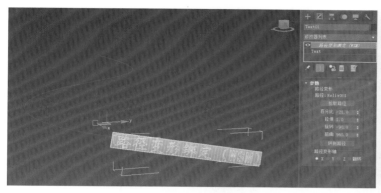

图7-55　第0帧的路径百分比

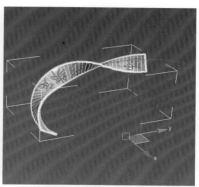

图7-56　第50帧的路径百分比

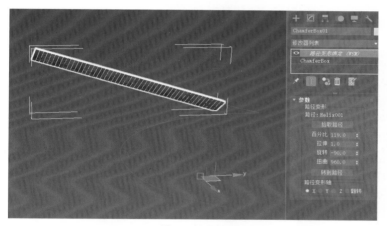

图7-57　第100帧的路径百分比

7.5 ▶ 课堂实训：书翻页动画 的制作

实训目标：学习FFD绑定动画的设置。

实训要点：掌握FFD绑定动画的添加方式和调节方式，通过不同FFD控制点的位置变化和自动关键帧的设置，来实现书翻页的动画效果。

效果所在位置：本书配套文件包>第7章>课堂实训：书翻页动画的制作。

① 打开书翻页动画的初始效果文件，效果如图7-58所示。

② 选择书页部分，在编辑修改器里面，为其添加FFD（长方形），如图7-59所示。这样后期就可以通过调整FFD控制点来调节书页的动画。

图7-58　书翻页动画场景设置

③ 选择中间的一张纸，打开时间轴的自动关键帧按钮，将时间滑块调节到第60帧的位置，调节FFD顶点的位置和形态（图7-60），然后拖动时间滑块到第120帧的位置，再次调节FFD顶

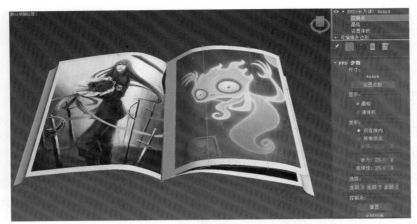

图7-59 添加FFD绑定（WSM）

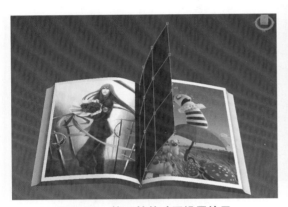

图7-60 第60帧的动画设置效果

图7-61 第120帧的动画设置效果

图7-62 翻页动画效果（1）

点的位置和形态（图7-61），在调节过程中要反复拖动时间滑块来观看动画效果，以调节出比较自然的动画设置。

④ 当动画设置完成后，可以拖动时间滑块来观察动画变化效果（图7-62、图7-63）。

图7-63　翻页动画效果（2）

课后习题

打开本书配套文件包>第7章>课后习题：火车动画制作>火车动画_初始效果，效果如图7-64所示。运用动画控制器和路径绑定的设置，进行火车动画制作，完成如图7-65所示的动画效果。具体操作步骤及最终效果文件见配套文件包。

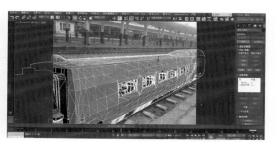

图7-64　火车动画初始效果图　　　　图7-65　第10帧时的动画效果

第 8 章

高级动画制作

本章内容 主要介绍3ds Max 2020中的层次链接、骨骼、蒙皮以及Character Studio组件中的Biped、Physique等角色动画制作工具的使用方法和完整流程。角色动画是动画控制中最复杂、最具有挑战性的内容。一个完整的角色，包含骨骼、蒙皮、变形器、关键帧等内容，需要使用的工具及参数繁琐，因此角色动画是高级动画里难度较高的内容。

学习目标 了解层次链接面板的基础知识；熟悉IK反向运动系统的基础知识及IK解算器的使用；掌握骨骼系统的基本使用方法；掌握Character Studio 组件中的Biped、Physique等使用方法。

8.1 ▶ 层次链接

在制作三维动画时经常会用到 （链接工具），将一个对象与另一个对象链接，从而制作出具有父子链接关系的动画。除了链接工具，使用者还可以利用层次链接工具，将多个对象链接在一起以形成链的效果，层次链接及其层次示意图如图8-1所示。

3ds Max使用家族树的概念来描述使用层次链接后的多个对象之间的关系。

层次：在一个单独结构中相互链接在一起的所有父对象和子对象。

父对象：控制一个或多个子对象的对象。一个父对象通常也被另一个更高级别的父对象控制。

子对象：父对象控制的对象。子对象也可以是其他子对象的父对象。

祖先对象：一个子对象的父对象以及该父对象的所有父对象。

派生对象：一个父对象的子对象以及子对象的所有子对象。

根对象：层次中唯一比所有对象的层次都高的父对象，所有其他对象都是根对象的派生对象。

子树：所选父对象的所有派生对象。

分支：在层次中从一个父对象到一个单独派生对象之间的路径。

树叶：没有子对象的对象，分支中最低层次的对象。

链接：父对象及其子对象之间的链接，将位置、旋转和缩放信息从父对象传递给子对象。

轴点：为每一个对象定义局部中心和坐标系统。

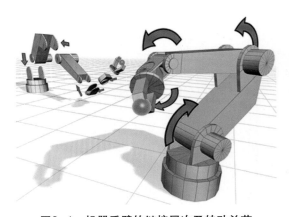

图8-1 机器手臂的链接层次及转动关节

8.1.1 轴命令面板

3dx Max中的 > 命令面板专用于控制层级链的情况，其常用参数如图8-2所示。

（1）"调整轴"卷展栏

使用"调整轴"卷展栏中的按钮可以随时调整对象的轴点位置和方向，如图8-2（a）所示。调整对象的轴点不会影响链接到该对象的任何子对象，但不能为"调整轴"卷展栏中的功能设置动画。

"移动/旋转/缩放"组

仅影响轴：仅影响选定对象的轴点。

仅影响对象：仅影响选定的对象，而不影响轴点。

仅影响层次：仅影响旋转和缩放工具，将旋转或缩放应用于层次。

"对齐"组

当"移动/旋转/缩放"组中激活 仅影响轴 按钮时，该组按钮功能如下。

居中到对象：将轴移至其对象中心。

对齐到对象：将轴与对象的变换轴对齐。

对齐到世界：将轴与世界坐标轴对齐。

当"移动/旋转/缩放"组中激活 仅影响对象 按钮时，该组按钮功能如下。

居中到轴：将对象的中心移至轴位置。

对齐到轴：将对象的变换轴与轴对齐。

对齐到世界：将对象的变换轴与世界坐标轴对齐。

"轴"组

重置轴：将轴点重置为创建对象时轴点的位置和方向。

（2）"调整变换"卷展栏

"调整变换"卷展栏如图8-2（b）所示。

"移动/旋转/缩放"组

不影响子对象：将变换仅应用于选定对象及其轴，而不是其子对象。

"重置"组

变换：重置对象局部坐标轴的方向，使其与世界坐标系统对齐。

缩放：重置变换中的缩放值，还原为对象创建时的比例。

8.1.2 链接信息命令面板

默认情况下，层级链中的子对象可以继承父对象的所有变换效果，这就是运动继承特性。可以在 > 中锁定任意对象的轴和变换方式，并控制子对象的运动继承状态。在链接信息命令面板中有以下两种卷展栏（图8-3）。

"锁定"卷展栏

"锁定"卷展栏包含阻止特定轴变换的复选框，如图8-3（a）所示。选择移动、旋转或缩放组中的任何选项可以锁定相应的轴。例如，将X轴和Y轴锁定勾选后，物体只能围绕Z轴旋转。

"继承"卷展栏

"继承"卷展栏用于约束对象与其父对象之间的链接，包含在各个轴向上的移动、旋转和缩放，如图8-3（b）所示。取消勾选移动、旋转或缩放组中的轴，可以

（a）

（b）

图8-2　轴命令面板

（a）

（b）

图8-3　链接信息命令面板

取消对象在该轴向的运动继承。

8.2 ▶ 正向（FK）/反向（IK）运动系统

3ds Max层级链包含了两种运动状态：一种是FK（Frontal Kinematics，正向运动学）系统，另一种是IK（Inverse Kinematics，反向运动学）系统。

8.2.1 正向运动和反向运动

FK系统和IK系统是控制角色动画最基本的工具，其中，IK比FK更加常用。FK系统是层级链默认的运动控制系统，不需要额外进行设置，而IK系统则需要进行指定。

FK按照父对象到子对象的链接顺序进行层次链接，并以此继承位置、旋转和缩放变换，轴点位置代表链接对象的链接关节。在FK链接中，父对象移动时，它的子对象也必须跟随其移动。如果子对象单独移动，父对象将保持不动。例如，在人体骨骼的层次链接中，当躯干（父对象）弯腰时，头部（子对象）跟随一起运动，但是单独转动头部，则不引起躯干的运动，其层次链接如图8-4所示。

IK相对于FK的使用要复杂一些。IK的设置取决于链接和轴点位置，并把它们作为基础，使整

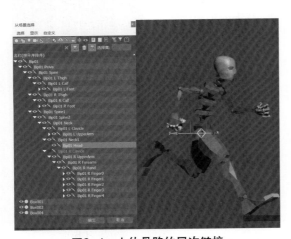

图8-4　人体骨骼的层次链接

个链接对象受特定位置和旋转的约束，父对象的位置和方向主要由子对象的位置和方向来确定。比如，在人体骨骼的层次链接中，手掌的位移会带动小臂和上臂的位移，小臂的旋转也会使手掌产生位移，但是无论如何位移，因为IK链接的存在，它们之间不会出现反关节的现象。需要注意的是，IK动画需要充分考虑链接对象和放置轴的方式。

IK系统指定的方法有多种，分别如下。

交互式IK：单击 ▦（层级）> ▦ IK ▦ > 交互式IK 按钮开启动画模式，在不同的关键帧处记录子对象的运动动画，通过IK链接约束，系统会自动计算出其他对象的动画效果。这种方法设置的关键帧较少，但动画效果不精确。

应用IK：根据动画的需要为层级链中的某个或几个对象制定一个引导对象，然后将层级链的对象绑定到引导对象上，再单击 ▦（层级）> ▦ IK ▦ > 应用IK 按钮，系统自动为动画的每一帧计算IK解决方案，并用IK链中的每个对象创建关键点。这种方法比互动式IK要精确些。

IK解算器：通过动画控制器设置层级链的运动形式，只需要较少的关键帧便可以达到应用IK方法的精确度。此方法是制作角色动画的首选，下面重点介绍IK解算器的使用方法。

8.2.2 IK解算器及参数

IK解算器是创建反向运动学的首选，它使用IK控制器管理链接中子对象的变换，并将IK解算器应用于对象的任何层次。使用时，在层次中选中对象，并选择IK解算器，然后单击该层次中的其他对象，作为IK链的末端。

（1）3d Max中的4种IK解算器

① HI解算器（历史独立解算器）：HI解算器可以在层次对象中设置多个链。对角色动画和时间较长的IK动画而言，HI解算器是首选方法。例如角色的腿部可能存在一个从臀部到脚踝的链，还存在另外一个从脚跟到脚趾的链。

② HD解算器（历史相关解算器）：使用该解算器可以设置关节的限制和优先级。该解算器

适用于那些包含滑动效果的动画，最好在较短时间的动画中使用。

③ IK肢体解算器：IK肢体解算器只能对链中的两块骨骼进行操作，是一种快速使用的分析型解算器，可用于设置一些角色手臂和腿部的关节部位动画。

④ 样条线IK解算器:该解算器通过样条线确定一组骨骼或链接对象的关系，链接后结构可以进行复杂的变形。它提供的动画系统比其他IK解算器的灵活性要高。

（2）IK解算器参数

创建好的IK解算器，可以在 ● （运动）面板中设置其参数，其参数卷展栏如图8-5所示。

主要参数解释如下。

① "IK解算器"卷展栏［图8-5（a）］

启用：启用或禁用链的IK控件。

IK/FK 捕捉：在FK模式中执行IK捕捉，或在IK模式中执行FK捕捉。

自动捕捉：启用后，软件将会自动应用"IK/FK捕捉"。

"首选角度"组

设置为首选角度：为链中的每个骨骼设置首选角度。

采用首选角度：复制每个骨骼的X轴、Y轴、Z轴首选角度，并将它们应用到旋转控制器中。

"骨骼关节"组

单击"拾取起始关节"和"拾取结束关节"下的按钮，可以在视口中拾取IK链的起始关节和结束关节。

② "IK解算器属性"卷展栏［图8-5（b）］

"IK解算器平面"组

旋转角度：控制解算器对象的旋转方向。

拾取目标：可以选择另一个对象用以设置旋转动画。

"父空间"组

确定旋转角度的相对空间。

"阈值"组

位置：设置目标移动到末端轴点的最远

距离。

旋转：设置目标旋转偏离末端轴点的最大角度。

"解决方案"组

迭代次数：尝试设置目标和末端轴点位置之间的最佳匹配次数。

③ "IK显示选项"卷展栏［图8-5（c）］

"末端效应器显示"组

控制IK链中的末端轴点的外观。

大小：设置视口中的末端轴点Gizmo的大小。

"目标显示"组

控制IK链中目标的外观。勾选"启用"选项将显示IK目标。

"旋转角度操控器"组

控制IK链中的旋转角度操控器的显示。

"IK解算器显示"组

控制IK解算器外观、起始关节和末端关节之间的显示线。

（a）

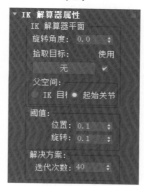

（b）

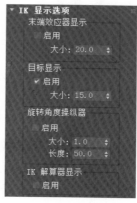

（c）

图8-5　IK解算器参数面板

8.3 ▶ 骨骼系统

骨骼系统是由骨骼对象形成的具有关节效果的层次链接，用于设置具有链接要求的复杂模型

对象的动画。在设置具有蒙皮效果的角色模型动画时，骨骼系统尤其有用（图8-6）。操作者可以采用正向或反向运动学为骨骼设置

图8-6　骨骼系统

动画。对于反向运动学，骨骼可以使用任何的IK解算器、交互式IK或应用IK等。

骨骼系统具备多个用于表现骨骼形状的参数，可以更容易地观察骨骼变化。骨骼的几何体形状与其链接是不同的，每条骨骼的链接在骨骼根部都有一个轴点，骨骼只能围绕该轴点旋转。由于实际起作用的是骨骼轴点而不是骨骼几何体形状，因此可将骨骼轴点视为关节（图8-7）。

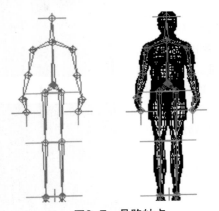

图8-7　骨骼轴点

8.3.1 骨骼系统参数

点击"十（创建）> ⚙（系统）> 标准 > 骨骼"按钮，在视口中点击鼠标左键创建骨骼的起点，移动鼠标再次点击鼠标左键，创建骨骼的结束点，此时完成一根完整骨骼的创建，如果继续点击鼠标，则完成第二根骨骼的创建，以此方法可以创建几根具有链接关系的骨骼。骨骼创建完成后点击右键，会生产一小节骨骼末端，代表骨骼链创建的完成。在创建面板，点击骨骼

时，会出现"IK链指定"卷展栏。

（1）"IK链指定"卷展栏

"IK链指定"卷展栏如图8-8（a）所示。

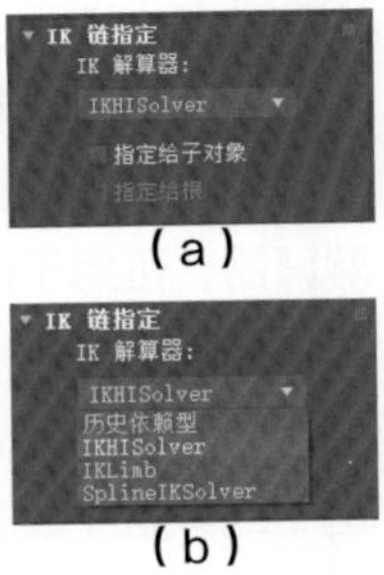

（a）

IK解算器：如果启用"指定给子对象"，则要指定应用的IK解算器的类型，如图8-8（b）所示。

（b）

图8-8　"IK链指定"卷展栏面板

指定给子对象：如果启用，将在IK解算器列表中选择的解算器指定给创建的骨骼。如果禁用，则为骨骼指定"PRS变换"控制器。

指定给根：如果启用，则为所有骨骼指定IK解算器。

（2）骨骼参数卷展栏（图8-9）

"骨骼对象"组

宽度：设置要创建的骨骼宽度。

高度：设置要创建的骨骼高度。

锥化：调整骨骼形状的锥化。

"骨骼鳍"组

侧鳍：在创建骨骼的侧面添加鳍。

大小：控制鳍的大小。

始端锥化：控制鳍的始端锥化。

末端锥化：控制鳍的末端锥化。

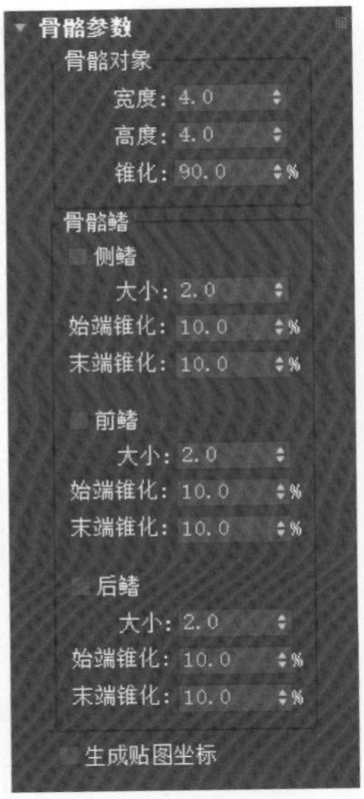

图8-9　骨骼参数卷展栏面板

前鳍：在创建骨骼的前端添加鳍。

后鳍：在创建骨骼的后端添加鳍。

生成贴图坐标：在骨骼上创建贴图坐标。骨骼是可渲染的，因此骨骼可以应用材质并使用贴图坐标功能。

8.3.2 案例：骨骼链的制作

案例学习目标：使用骨骼工具来完成骨骼链

的制作。

案例知识要点：通过创建骨骼，并按照需要的骨骼结构调整骨骼位置，形成一条骨骼链。

效果所在位置：本书配套文件包>第8章>案例：骨骼链的制作。

① 单击"![图标]>![图标]>骨骼"按钮，在视口中单击鼠标左键，创建第1根骨骼的起始关节，移动鼠标到合适位置，再次单击鼠标，第1根骨骼制作完成，效果如图8-10所示。

② 在不点击右键的情况下，移动鼠标到合适的位置，再次点击左键，创建完成第2根骨骼，效果如图8-11所示。同样，移动鼠标到合适位置再次点击鼠标，创建完成第3根骨骼，点击右键取消骨骼创建，由此便形成了一个骨骼链，效果如图8-12所示。

③ 选择第1根骨骼，在修改面板中修改参数，将骨骼参数下的宽度和高度更改为15，效果如图8-13所示。

图 8-10　第1根骨骼的起始关节

图 8-11　创建完成第2根骨骼

图8-12　创建完成第3根骨骼

图8-13　修改参数

④ 选择第2根骨骼，将骨骼参数下的宽度和高度更改为12，再选择

图8-14　骨骼链创建完成

第3根骨骼，将骨骼参数下的宽度和高度更改为10，再选择第4根骨骼，将骨骼参数下的宽度和高度更改为8，效果如图8-14所示。

8.4 ▶ 蒙皮修改器

蒙皮修改器可以将多边形、面片或NURBS等对象绑定到骨骼链接，如图8-15所示。在3ds Max中制作动画角色，首先要使用多边形等建模工具来制作角色模型，再使用骨骼系统来创建角色的骨骼链接，为模型添加蒙皮修改器，将模型与骨骼系统链接在一起，通过骨骼系统的运动带动模型的变化，进而形成角色动画。下面对蒙皮修改器常用的卷展栏参数进行解释。

图8-15　蒙皮的多边形模型

8.4.1 "参数"卷展栏

"参数"卷展栏如图8-16所示。

编辑封套：单击该按钮，将启用此子对象层级以及封套和顶点权重。

顶点：启用该选项以选择顶点。

收缩：减去已选的顶点中边缘的顶点。

扩大：添加已选的顶点中的相邻顶点。

环：加选已选顶点的平行边中的所有顶点。

图8-16　参数卷展栏

循环：加选已选顶点的垂直边中的所有顶点。

选择元素：启用后，选择一个顶点，就会选择该元素的所有顶点。

背面消影顶点：启用后不能选择背离当前视图的顶点。

封套：启用后可以选择封套。

横截面：启用后可以选择横截面。

"封套属性"组（图8-17）

半径：调整封套横截面大小。

挤压：调整骨骼的挤压效果。

图8-17　封套属性面板

A（绝对顶点）：具有100%权重的骨骼顶点。

（封套可见性）：确定未选定封套的可见性。

（衰减弹出按钮）：为封套选择衰减曲线。

（复制）：复制当前选定的封套效果。

（粘贴）：将复制的封套粘贴到选定的骨骼。

"权重属性"组（图8-18）

权重解算器：选择"体素"或"热量贴图"选项将顶点调整到附近骨骼。点击选项右侧的选项会弹出"权重解算器"对话框，从中设置相关参数。

绝对效果：输入选定骨骼顶点的绝对权重。

图8-18　权重属性面板

刚性：设置选定顶点仅受一个最具影响力的骨骼影响。

刚性控制柄：设置选定顶点的控制柄仅受一个骨骼影响。

规格化：强制每个选定顶点的权重为1.0。

（排除选定的顶点）：将选定的顶点添加到当前骨骼的排除列表中。此列表中的顶点不受此骨骼影响。

（包含选定顶点）：从骨骼的排除列表中获取选定顶点。该骨骼将影响这些顶点。

（选定排除的顶点）：选择当前骨骼排除所有的顶点。

（烘焙选定顶点）：单击以烘焙当前的顶点权重。

（权重工具）：权重工具对话框提供了用于选定顶点的指定权重和混合权重的相关工具。

权重表：显示列表，用于查看和更改骨架中所有骨骼的权重。

绘制权重：单击并拖动光标绘制骨骼顶点的权重。

8.4.2 "镜像参数"卷展栏

界面如图8-19所示。

镜像模式：启用镜像模式，允许将顶点和封套从模型的一个侧面镜像到另一个侧面。

"镜像模式"使用"镜像平面"确定模型的"左侧"和"右侧"。启用"镜像模式"时，镜像平面左侧的顶点变为蓝色，右侧

图8-19"镜像参数"卷展栏

的顶点变为绿色，既不在左侧也不在右侧的顶点变为红色。如果顶点未更改颜色，必须提高"镜像阈值"，扩展左侧和右侧的范围。

（镜像粘贴）：将选定顶点和封套粘贴到物体的另一侧。

（将绿色粘贴到蓝色骨骼）：将指定封套从右侧粘贴到左侧。

（将蓝色粘贴到绿色骨骼）：将指定封套从左侧粘贴到右侧。

（将绿色粘贴到蓝色顶点）：将指定顶点从右侧粘贴到左侧。

（将蓝色粘贴到绿色顶点）：将指定顶点从左侧粘贴到右侧。

镜像平面：确定对象的左侧和右侧的平面。

镜像偏移：沿"镜像平面"轴移动镜像平面。

镜像阈值：启用镜像模式时，如果部分顶点不是蓝色或绿色，可以提高"镜像阈值"扩大选择区域。

显示投影：设置为"默认显示"时，选择镜像平面一侧上的顶点会自动将该顶点投影到相对面。使用"正值"和"负值"时，可在镜像平面的一侧选择顶点。

手动更新：手动更新显示内容。

8.4.3 "显示"卷展栏

界面如图8-20所示。

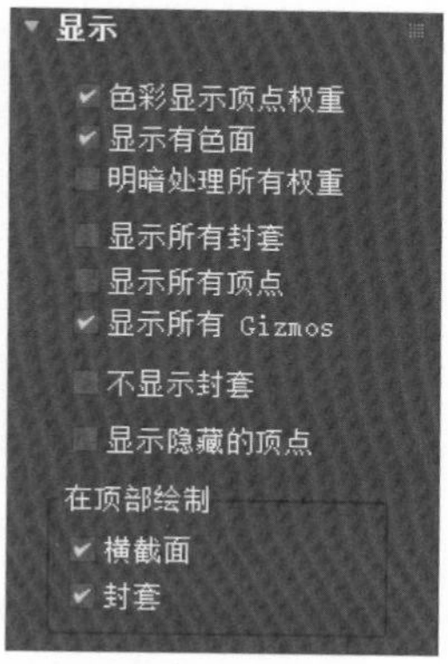

色彩显示顶点权重：根据权重显示视口中的顶点颜色。

显示有色面：根据权重显示视口中的面颜色。

明暗处理所有权重：为封套中的每个骨骼指定一个颜色。

图8-20　"显示"卷展栏

显示所有封套：同时显示所有封套。

显示所有顶点：为每个顶点绘制小十字叉。

显示所有Gizmos：显示除当前选定Gizmos以外的所有Gizmos。

不显示封套：即使已选择封套，也不显示封套。

显示隐藏的顶点：启用后，将显示隐藏的顶点。

横截面：强制在顶部绘制横截面。

封套：强制在顶部绘制封套。

8.4.4 "高级参数"卷展栏

界面如图8-21所示。

始终变形：启用此选项时，移动骨骼也会移动蒙皮模型的顶点。禁用时，调整骨骼不会影响蒙皮模型。

参考帧：骨骼和蒙皮对象位于参考位置的帧。

回退变换顶点：用于将模型链接到骨骼结构。

刚性顶点（全部）：启用此选项，将每个顶点指定给封套影响最大的骨骼。

刚性面片控制柄（全部）：强制面片控制柄权重等于结权重。

骨骼影响限制：设置影响一个顶点的最大骨骼数。

图8-21　"高级参数"卷展栏

（重置选定的顶点）：将选定顶点的权重重置为封套默认值。

（重置选定的骨骼）：将选定骨骼的权重重置为封套的原始权重。

（重置所有骨骼）：将所有骨骼顶点权重重置为封套的原始权重。

保存/加载：用于保存和加载封套位置、形状以及顶点权重。

释放鼠标按钮时更新：启用后，按下鼠标按钮则不进行更新。释放鼠标时则进行更新。

快速更新：在不渲染时，快速更新权重变形和Gizmos视口显示。

忽略骨骼比例：启用此选项可以使蒙皮模型不受缩放骨骼的影响。

可设置动画的封套：切换可设置动画的封套创建关键点。

权重所有顶点：将强制不受封套控制的顶点加权到与其最近的骨骼。

移除零权重："权重"值小于"移除零限制"值的顶点不受骨骼影响。

移除零限制：设置权重阈值，确定是否从权重中去除顶点。

8.4.5 "Gizmos"卷展栏

设置关节角度变形器，界面如图8-22所示。

关节角度变形器共有以下3个变形器可用。

关节角度：旋转父骨骼对象和子骨骼对象的顶点。

凸出角度：仅对父骨骼对象上的顶点起作用。

图8-22 "Gizmos"卷展栏

变形角度：变形父骨骼对象和子骨骼对象的顶点。

（添加Gizmos）：将当前Gizmos添加到选定顶点。

（移除Gizmos）：从列表中移除选定的Gizmos。

（复制Gizmos）：复制选定的Gizmos。

（粘贴Gizmos）：将复制Gizmos粘贴到Gizmos。

8.4.6 案例：大腿运动的制作

案例学习目标：使用蒙皮修改器和HI解算器来完成大腿运动的制作。

案例知识要点：通过漫反射颜色、发光贴图等贴图通道的配合使用来完成效果的制作。

效果所在位置：本书配套文件包>第8章>案例：大腿运动的制作。

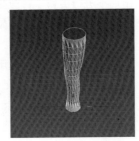

图8-23 打开模型

① 双击大腿模型的初始效果文件，打开后的效果如图8-23所示。

② 点击键盘上的F键，如图8-24所示切换到前视图。点击"＋>⚙>骨骼"按钮，开始创建骨骼，点击F3键进入模型的线框显示模式，在视图中自上而下点击鼠标左键，创建两段骨骼，随后点击右键取消创建。注意在创建骨骼的时候，骨骼的角度要跟大腿模型相匹配，尤其是膝盖关节部位，可以使骨骼的关节稍微弯曲，与

大腿骨骼的膝盖朝向同样的角度，效果如图8-25所示。

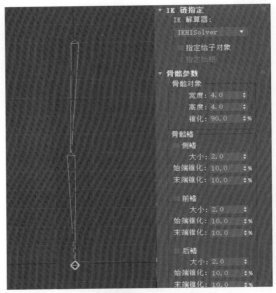

图8-24 切换至前视图

图8-25 创建骨骼

③ 选中大腿模型，在修改器列表中选择蒙皮修改器，效果如图8-26所示。在修改器参数面板中，点击骨骼组后的 添加 按钮，在弹出的选择骨骼对话框中，选择Bone001、Bone002添加到骨骼组中，效果如图8-27所示。

④ 在修改参数面板中选中骨骼组中的Bone001，点击 编辑封套 按钮（图8-28），可以看见视图中的模型出现红色的控制点，选择所有控制点沿着X轴往右侧拖动，使骨骼的控制范围扩大，能够覆盖到整个大腿上部模型，效果如图8-29所示。同时，调整骨骼下部的控制点，效果如图8-30所示，图中的红色区域代

图8-26　蒙皮修改器

图8-27　添加Bone001、Bone002

表骨骼封套完全控制区域，黄色区域代表骨骼封套控制衰减区域，蓝色区域代表非骨骼封套控制区域。

⑤ 参照Bone001的修改方法，选择Bone002，调整骨骼的控制点，使其控制整个小腿模型，效果如图8-31所示。

图8-28　修改参数面板

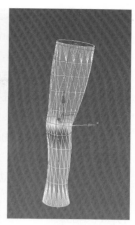

图8-29　调整上部封套　　图8-30　调整下部封套

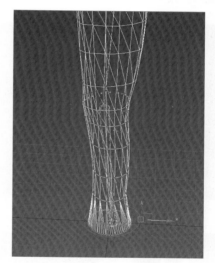

图8-31　小腿模型效果图

⑥ 调整完成后，退出编辑封套按钮。在视图中点击Bone001，选择动画菜单>IK解算器>HI解算器（图8-32），在视图中可见一条虚线从

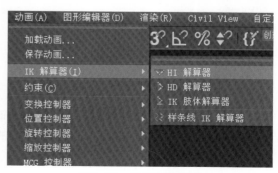

图8-32　选择HI解算器

Bone001骨骼中延伸并随着鼠标移动，如图8-33所示将鼠标移动到Bone003处，点击鼠标左键，创建完成HI解算器，效果如图8-34所示。

⑦ 选中创建的IK链接，即创建完成的十字架，如图8-35所示，进行拖动，查看骨骼的蒙皮控制范围有无问题。如果控制范围有问题，可以回到蒙皮修改中的编辑封套中进行修改，效果如图8-36所示。

⑧ 点击视图下方动画控制区的 自动 ，开始创建关键帧动画，在第0帧、第35帧、第65帧、第85帧、第100帧拖动IK链接设置大腿模型的动作，效果如图8-37所示。

图8-33 创建HI
解算器

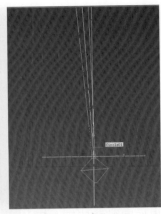

图8-34 HI解算
器创建完成

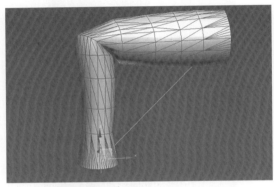

图8-35 拖动十字架

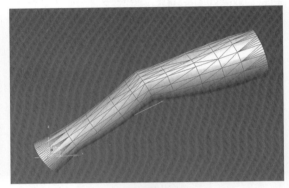

图8-36 修改效果图

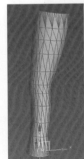

（a）第0帧、第100帧

（b）第35帧

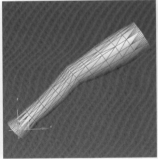

（c）第65帧

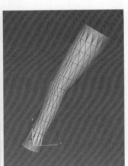

（d）第85帧

图8-37 创建关键帧

⑨ 创建完成后，点击 自动关键点 ，取消动画关键帧设置，点击右侧的播放控制区的 ▶ 按钮，对大腿模型的动画进行播放，效果如图8-38所示。

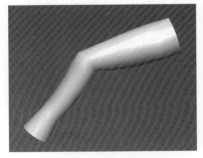

图8-38 大腿模型效果图

8.5 ▷ Character Studio（角色系统）组件

Character Studio组件提供了一套设置三维角色动画的专业工具，使用该组件能够快速而轻松地构建骨骼，然后通过修改参数设置制作动画，如图8-39所示。此外，还可以将这些角色进行群组，并使用代理系统和程序设置群组动画。

图8-39　使用Character Studio制作的一组人体模型

Character Studio包含以下3个组件。

Biped：可以使用两足角色骨骼系统制作相关的骨骼动画。

Physique：可将骨骼与角色模型快速关联，从而通过骨骼来控制模型并制作动画。

组群：提供创建动画组群及制作动画的工具，主要是两足角色。

下面重点介绍Biped和Physique组件的用法。

8.5.1 Biped（两足角色）骨骼系统

在设置具有蒙皮效果的角色动画方面，骨骼尤为有用，可以采用正向运动学或反向运动学为骨骼设置动画。软件里提供了一套骨骼系统用于角色动画的制作，即Biped骨骼系统。它是一组有关节链接的骨骼对象，可用于实现两足角色的相关动画。

Biped骨骼系统提供精确的角色姿态骨架，可以使用足迹动画或进行自由的动画操作，如图8-40所示。同时，Biped骨骼系统可以用来编辑

运动捕捉文件，将不同的动作文件或动作脚本赋予到骨骼系统中使用。但Biped系统不能创建角色模型，在使用Biped创建骨骼前需要将角色模型创建完成。

图8-40　Biped骨骼系统

默认创建的Biped骨骼系统模拟人体架构，并设置好层级链接关系，以重心对象（也称质心）作为其父对象或根对象。该重心对象位于骨骼系统的骨盆中心，显示为一个蓝色的八面体。如图8-41所示，可以通过移动该重心来定位整个骨骼系统。

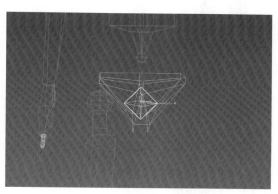

图8-41　重心对象

选择创建好的骨骼子对象，其参数可在 ◐（运动）命令面板中进行调节。单击 🯅 按钮，进入形态编辑模式，在该模式下可以对骨骼进行调整，"结构"卷展栏如图8-42（d）所示。下面对Biped骨骼系统的常用工具和参数进行解释。

（1）"Biped"卷展栏

"Biped"卷展栏如图8-42（a）所示。

🯅（体形模式）：使用体形模式可以调整角色的骨架。

（足迹模式）：用于创建和编辑足迹，生成走动、跑动或跳跃足迹模式；编辑已选定的足迹等。

（运动流模式）：运动流模式下可以创建脚本导入骨骼动作文件，用于制作角色动画。

（混合器模式）：激活混合器动画模式，并显示混合器卷展栏。

（两足动物重播）：该重播模式下，可以实现角色动画实时重播。

（加载文件）/ （保存文件）：在该对话框中，可以加载/保存"两足动物"文件".bip"、体形文件".fig"和步长文件".stp"。

（转换）：实现足迹动画与自由形式的双向转换。

（移动所有模式）：移动和旋转 Biped 及其相关动画。

（2）"轨迹选择"卷展栏

"轨迹选择"卷展栏如图8-42（b）所示。

（形体水平）/ （形体垂直）/ （形体旋转）：调整骨骼系统的水平/垂直/旋转运动。

（锁定设置COM关键点）：启用时，可同时锁定多个COM轨迹进行存储和记录。

（对称轨迹）：选择骨骼系统的另一侧匹配轨迹。

（相反）：选择骨骼系统另一侧的匹配对象，并取消选择当前对象。

（3）"弯曲链接"卷展栏

"弯曲链接"卷展栏如图8-42（c）所示。

（弯曲链接模式）：该模式用于旋转骨骼系统的多个链接，而无需选择所有链接。

（扭曲链接模式）：该模式在选定的链接中应用X轴方向的旋转，其余链接均匀地递增旋转。

（扭曲个别模式）：该模式允许选定的链接沿X轴旋转，而不影响其父链接或子链接。

（平滑扭曲模式）：该模式调整第一个和最后一个链接的X轴方向的旋转，使每个链接

都能平滑旋转。

（零扭曲按钮）：根据父链接的当前方向，沿X轴将每个链接的旋转重置为"0"。

（所有归零按钮）：根据父链接的当前方向，沿所有轴将每个链接的旋转重置为"0"。

平滑偏移：在0和1之间设置旋转分布。"0"偏向链的第一个链接，而"1"偏向链的最后一个链接。通过数值的调整可设置链的平滑度。

（4）"结构"卷展栏

"结构"卷展栏如图8-42（d）所示。

"躯干类型"组

"躯干类型"组如图8-43所示。

骨骼：该类型提供默认的骨骼造型。

男性：该类型提供男性轮廓的骨骼造型。

女性：该类型提供女性轮廓的骨骼造型。

标准：经典形体类型，与之前版本的骨骼形象相同。

手臂：设置角色的手臂。

颈部链接：设置角色颈部的链接数。默认值为1，范围为1～25。

脊椎连接：设置角色脊椎上的链接数。默认设置为4，范围为1～10。

（a）

（b）

（c）

（d）

图8-42 Biped骨骼参数面板

图8-43
"躯干类型"组

腿链接：设置角色腿部的链接数。默认值为3，范围为3～4。

尾部链接：设置角色尾部的链接数。值为0时表示没有尾部，范围为0～25。

马尾辫1链接/马尾辫2链接：设置马尾辫链接的数目。默认设置为0，范围为0～25。

手指：设置角色的手指数目。默认设置为1，范围为0～5。

手指连接：设置每个手指链接的数目。默认值为1，范围为1～3。

脚趾：设置角色脚趾的数目。默认值为1，范围为1～5。

脚趾链接：设置每个脚趾链接的数目。默认值为3，范围为1～3。

小道具：最多打开3个道具，表现链接到角色的工具或者武器。默认情况下，道具1在右手旁边，道具2在左手旁边，道具3在躯干前面的中心。

踝部附着：沿着足部骨骼指定踝部附着点。值为0时表示将脚踝放置在脚后跟。值为1时表示将脚踝放置在脚跟上。范围为0～1。

高度：设置当前角色高度。

三角形骨盆：当附加模型后，打开该选项创建从大腿到最下面一个脊骨的链接。

三角形颈部：启用此选项后，将锁骨链接到脊椎顶部，而不链接到颈部。默认设置为禁用。

前端：启用此选项后，将Biped骨骼系统的手和手指作为脚和脚趾。默认设置为禁用。使用此选项，可将Biped转换成四足角色。

指节：启用该选项，创建手部结构，每个手指均有指骨。默认设置为禁用（图8-44、图8-45）。

"扭曲链接"组

"扭曲链接"组如图8-46所示。

扭曲：对角色肢体启用扭曲链接。启用之后，扭曲链接可见，但是仍然被冻结。可以使用冻结面板上的"按名称解冻"解除冻结。

上臂：设置上臂扭曲链接的数量。默认设置为0，范围为0～10。

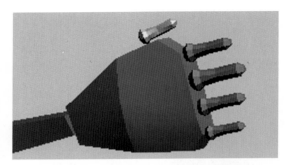

图8-44　标准的Biped的手部骨骼

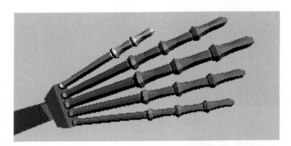

图8-45　启用"指节"的Biped手部骨骼

前臂：设置前臂扭曲链接的数量。默认设置为0，范围为0～10。

大腿：设置大腿扭曲链接的数量。默认设置为0，范围为0～10。

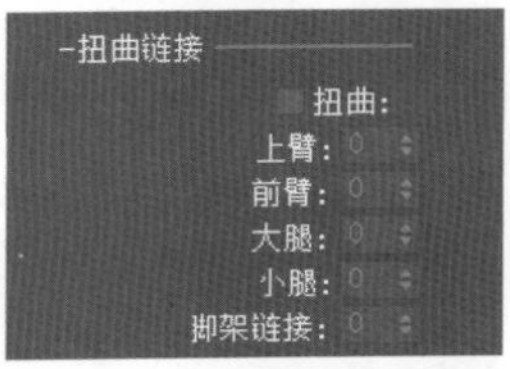

图8-46　扭曲链接组

小腿：设置小腿扭曲链接的数量。默认设置为0，范围为0～10。

脚架链接：设置脚架链接扭曲链接的数量。默认设置为0，范围为0～10。

8.5.2 Physique（形体变形）修改器

Physique工具应用于模型时可以使骨骼的运动像真实的人类一样。Physique可用于多边形、面片、NURBS等对象，它可以附加到任何骨骼结构，包括Biped、骨骼链、样线条等。模型和骨骼应用Physique修改器后，就可以进入"封套"子对象层级，通过封套上的调节点调整封套的大小和位置，从而扩大或缩小骨骼对模型的影响范围。

将Biped骨骼系统与Physique修改器搭配使用，可以制作出非常逼真的角色动画。在设置动画时，可以先为Biped骨骼系统设置动画，然后

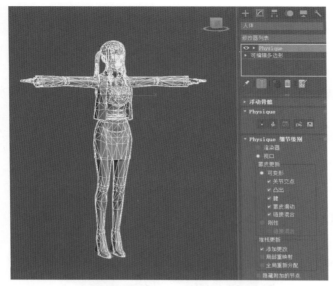

图8-47　模型文件

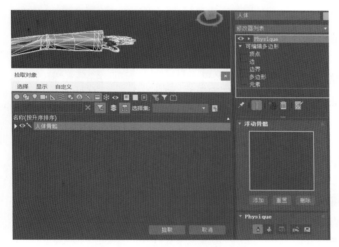

图8-48　选择Physique修改器

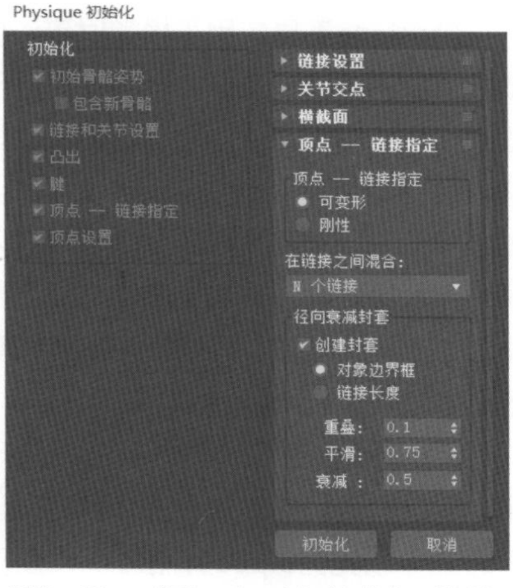

图8-49　"Physique初始化"对话框

将动画输出为".bip"格式的文件保存，再将其应用到已经设置了Physique修改器的角色模型上。

8.5.3 案例：角色Physique修改器的运用

案例学习目标：使用Physique修改器来完成人体模型蒙皮的制作。

案例知识要点：通过Physique修改器及其调整参数的配合使用来完成蒙皮效果的制作。

效果所在位置：本书配套文件包>第8章>案例：角色Physique修改器的运用。

① 打开本书所提供的初始效果文件，确定视图中"模型"对象为选择状态。在修改器下拉列表中选择Physique修改器赋予到人体模型上，如图8-47所示。

② 单击Physique面板下的 ![button] 按钮，在视图中点击键盘上的H键，如图8-48所示，在弹出的"拾取对象"对话框中选择"人体骨骼"对象，然后单击"拾取"，在弹出的"Physique初始化"对话框中单击"初始化"按钮，如图8-49所示，完成蒙皮指定。

③ 骨骼蒙皮完成后，对骨骼进行移动，查看拉伸是否正确。利用旋转工具，旋转手臂骨骼，可以发现手臂、手掌的节点封套基本正确，如图8-50所示。但是在移动大腿时，发现人体模型出现了拉伸（图8-51），还有一些顶点未受到骨骼的影响，这是因为现在还没有对蒙皮封套进行调整，有些地方的蒙皮可能会产生错误。

④ 进入模型对象的Physique套封子对象层级，选择脚部的骨骼，如图8-52所示。选中脚部的紫色控制点，沿着X轴向左移动，使其紫色控制封套离开右脚的模型。

⑤ 以相同的方式检查所有骨骼封套的设置及影响范围，对有拉伸的位置进行调整，效果如图8-53所示。

⑥ 在所有调整结束之后，就可以移动骨骼设置角色模型动画，并对模型动作进行渲染输出，效果如图8-54所示。

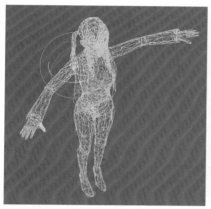

图8-50　旋转手臂骨骼

图8-51　旋转大腿骨骼

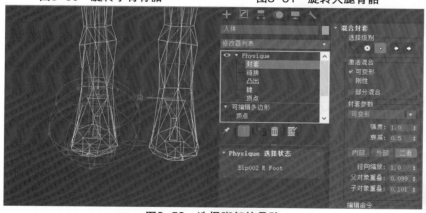

图8-52　选择脚部的骨骼

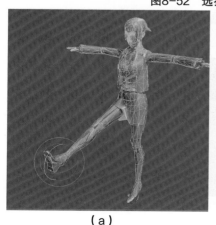

（a）

（b）

图8-53　检查骨骼封套效果

图8-54　渲染模型动作

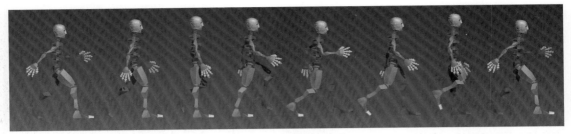

图8-55　角色行走动画

图8-56　打开骨骼
文件

图8-57　时间配置按钮

如图8-58所示，切换到左视图，将长方体移动到骨骼系统前方一个脚步的长度距离，选中2个长方体参考并复制一组，继续放在骨骼前进的方向，效果如图8-59所示。

图8-58　创建骨骼模型

③ 点击视图下方动画控制区的 ▭自动▭ 按钮，设置关键帧动画。在左视图中，将时间帧设置在0秒，点击" ◉（运动）>轨迹选择> ↔（水平移动）"按钮，对整个骨骼模型进行移动，同时设置走路时候的基本动作，注意脚步的位置要与脚下的参考长方体相匹配，效果如图8-60所示。

8.6 ▸ 课堂实训：角色行走动画的制作

实训目标：使用关键帧设置来完成人体模型蒙皮的制作。

实训要点：通过关键帧设置及运动参数面板的配合使用来完成效果的制作（图8-55）。

效果所在位置：本书配套文件包>第8章>课堂实训：角色行走动画的制作。

① 打开本书所提供的初始效果文件，效果如图8-56所示。点击软件右下角的 ▦（时间配置）按钮，在弹出的对话框中，选择帧速率下"自定义"选项，将FPS设置为24，同时将动画组中的结束时间设置为24，然后点击确定，效果如图8-57所示。

② 在骨骼模型底部创建2个长方体作为脚步距离的参考，长方体长度与脚部骨骼长度相同，

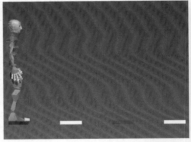 

图8-59　关键帧动画

图8-60　骨骼模型移动

④ 在运动面板中，点击"Biepe d"卷展栏下显示组的 ∿ 轨迹，将骨骼的运动轨迹打开，如图8-61所示，方便查看骨骼的运动路线。将时间帧拖到第12帧，将骨骼移动到第2、3个参考长方体之间，选择所有的骨骼，点击"复制/粘贴"卷展栏下的复制姿势 ，然后再点击 向对面粘贴，此时骨骼模型的第2个基本动作完成，效果如图8-62所示。

图8-61　打开运动轨迹

⑤ 将时间帧拖到第24帧，将骨骼模型拖到第3、4个参考长方体之间，同样运用"复制/粘贴"卷展栏下的复制姿势 ，然后再点击 向

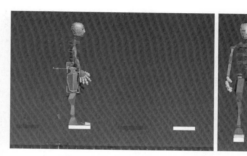
图8-64　在第6帧设置关键动作

图8-65　在第18帧复制动作

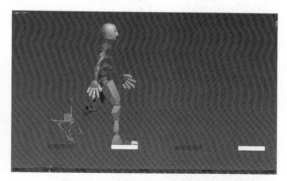
图8-66　在第3帧设置关键动作

对面粘贴，形成第3个关键动作（图8-63）。

⑥ 将时间帧拖到第6帧，设置关键动作，注意身体的直立和动作设置（图8-64），此时身体的高度达到最高，将时间帧拖到第18帧，选择所有骨骼，点击"复制/粘贴"卷展栏下的复制姿势 ，然后再点击 向对面粘贴，设置完成中间关键动作（图8-65）。

⑦ 将时间帧拖到第3帧，设置关键动作，注意脚尖的位置和腿部的支撑动作（图8-66），将时间帧拖到15帧，选择所有骨骼点击"复制/粘贴"卷展栏下的复制姿势 ，然后再点击 向

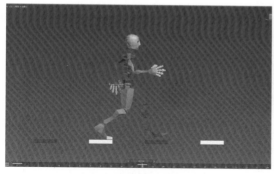
图8-62　设置骨骼模型第2个动作

图8-63　设置骨骼模型第3个动作

对面粘贴，设置完成中间关键动作，效果如图8-67所示。

⑧ 将时间帧拖到第9帧，设置关键动作，注意腿部的支撑动作设置，如图8-68所示，将时间帧拖到第21帧，选择所有骨骼，点击"复制/粘贴"卷展栏下的复制姿势![图标]，然后再点击![图标]向对面粘贴，设置完成中间关键动作（图8-69）。

⑨ 如图8-70所示，利用滑动关键点、自由关键点设置脚步关键点，防止穿透、滑动等错误的出现。

⑩ 在骨骼动作设置完成后，点击播放控制区的![图标]按钮，浏览整个骨骼动画，可以对关键动作进行微调，使其更加生动自然，效果如图8-71所示。

图8-69　在第21帧复制动作

图8-67　在第15帧复制动作

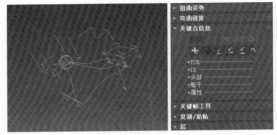

图8-70　设置滑动关键点、自由关键点

图8-68　在第9帧设置关键动作

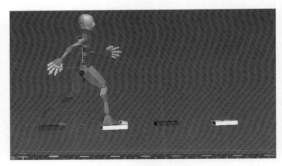

图8-71　播放行走动画

课后习题　打开本书所配文件包>第8章>课后习题：角色跑步动画制作中的初始效果文件，综合运用本章所学知识点，进行跑步动画案例的设计与制作，实现如图8-72所示的效果。操作步骤及最终效果文件见文件包。

图8-72　跑步动画最终效果图

第**9**章

MassFX物理模拟系统

本章内容 3ds Max 2020的MassFX提供了用于为项目添加真实物理模拟效果的工具集。该工具集加强了特定于3ds Max的工作流，使用修改器和辅助对象对场景模拟的各个方面提供便利，主要在设置真实物理模拟动画时使用。本章主要介绍MassFX的基础知识和使用方法，并通过实例重点介绍刚体集合和布料集合的使用方法等。

学习目标 了解动力学的基础知识；了解常用动力学集合的使用方法和参数设置；掌握刚体集合的使用方法；掌握布料集合的使用方法。

9.1 ▶ MassFX基础知识

MassFX工具集包括刚体、模拟布料、约束辅助对象以及碎布玩偶等。在软件中创建的模型对象，都可以通过MassFX工具集指定物理属性，如质量、摩擦力和弹力等，模拟生成真实世界中的物理效果。这些模型对象可以是固定的、自由的、连在弹簧上的，或者使用多种约束连在一起的。

MassFX工具集使用实时模拟窗口进行快速预览、交互测试和播放场景等，大幅缩减了动画制作时间。它具有烘焙动画功能，可以将所有模拟动画烘焙在关键帧上，不必再手动设置动画效果，如图9-1所示的逼真的建筑物碰撞动画。

图9-2　工具栏

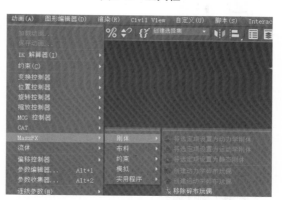

图9-3　选择"MassFX"选项

3ds Max 2020中MassFX工具栏（图9-2）默认是隐藏的，可以在"动画"菜单>MassFX下拉列表中选择MassFX选项，即可进入MassFX的相关面板（图9-3）。最便捷方法是使用MassFX工具栏。该工具栏以浮动状态显示。如果工具栏不可见，可以像打开3ds Max 2020其他隐藏工具栏一样操作：在工具栏空白区域单击右键打开自定义菜单，从菜单中选择"MassFX 工具栏"（图9-4）。

图9-1　刚体碰撞测试

图9-4 选择"MassFX 工具栏"

9.1.1 MassFX工具栏

下面对MassFX工具栏的各个按钮功能进行介绍。

MassFX工具栏的第一个按钮主要用于切换"MassFX工具"对话框。此对话框包含4个面板（图9-5）。

（世界参数）：提供用于创建物理效果的全局设置和控件。

（模拟工具）：包含用于控制模拟的"播放"、"重置"和"烘焙"等按钮。

（多对象编辑器）：同时为所有选定对象设置属性。

（显示选项）：用于切换物理网格视口显示的控件以及用于调试模拟的可视化工具。

9.1.2 MassFX工具栏的对象类别

（刚体集合）：刚体是物理模拟中的主要对象，其形状和大小不会更改。例如，如果场景中的茶壶变成了刚体，它可能会反弹、滚动和四处滑动，但无论施加了多大的力，它都不会弯曲或折断，如图9-6所示。此外，可以使用约束工具连接场景中的多个刚体。

（布料对象）：MassFX工具集的一个重要部分是mCloth（布料对象），作为布料修改器的一个版本，它可以模拟布料碰撞场景中的其他对象，从而影响场景中物体的运动，也会受其他对象运动的影响，如图9-7所示。此外，布料对象会受力空间扭曲（如"风"）的影响，可能

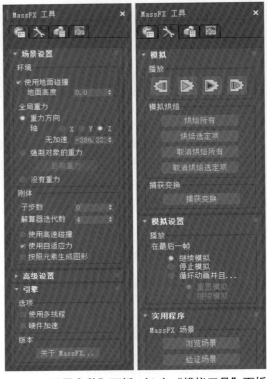

（a）"世界参数"面板 （b）"模拟工具"面板

（c）"多对象编辑器"面板 （d）"显示选项"面板

图9-5 MassFX工具

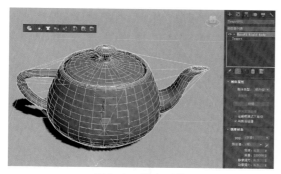

图9-6　茶壶刚体

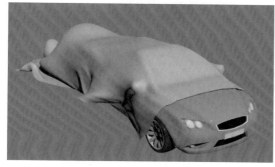

图9-7　汽车上的布料

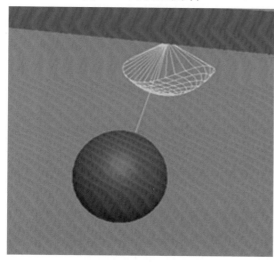

图9-8　摆动的小球

图9-9　碎布玩偶

会在力的作用下撕裂。

（约束辅助对象）：MassFX约束限制刚体在模拟中的移动。现实世界中的一些约束示例包括转枢、钉子、索道和轴，如图9-8所示。

（碎布玩偶）：碎布玩偶可以将动画角色作为动力学和运动学刚体参与MassFX模拟。它便于创建和管理刚体，具有多个重要的功能。使用"动力学"选项，动画角色不仅可以影响模拟中的其他对象，也可以受其影响。使用"运动学"选项，角色可以影响模拟，但不受其他对象影响。例如，动画角色可以击倒运动路径中遇到的障碍物，但是落到它上面的大型盒子却不会更改它在模拟中的行为，如图9-9所示。

9.1.3　MassFX模拟控件

位于工具栏上最后位置的是用于控制模拟的按钮和弹出按钮。

（重置模拟）：将时间滑块返回到第一个动画帧并将动力学刚体移回其初始变换。

（开始模拟）：该按钮可以在窗口中生成模拟动画，并推进时间滑块播放动画。

（开始没有动画的模拟）：仅运行模拟动画，不推进时间滑块。

（逐帧模拟）：用于与标准动画一起运行单个帧的模拟。

9.2 ▶ MassFX刚体修改器

9.2.1　刚体面板参数

MassFX模拟的刚体包括动力学刚体、运动学刚体、静态刚体。为便于操作，在工具栏的刚体弹出按钮上可以进行选择，如图9-10所示，在选择刚体之后仍可以修改刚体的类型。

（动力学刚体）：动力学刚体与真实世界中的对象一样，受重力和其他力的作用，可以撞击其他对象，同时也被这些对象所影响。工具栏中的设置可以模拟模型

图9-10　刚体面板参数

对象的物理网格效果，其中凹面物理网格不能用于动力学刚体。

（运动学刚体）：运动学刚体不会受重力的影响，但是可以推动场景中的任意动力学对象，但不能被其他对象所影响。

（静态刚体）：静态刚体与运动学刚体类似，但是不能设置动画。静态刚体有助于优化性能，也可使用凹面网格。

应用该刚体修改器的最简单方法是，先选择对象，然后从MassFX工具栏上的弹出按钮中选择适当的刚体类型即可。

（1）"刚体属性"卷展栏

"刚体属性"卷展栏如图9-11所示。

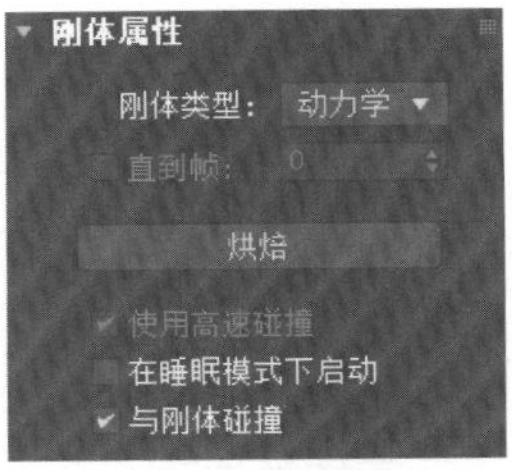

刚体类型：选定刚体的模拟类型。可选择"动力学""运动学""静态"。

直到帧：如果启用此选项，MassFX 会在指定帧处将选定的运动学刚体转换为动力学刚体，仅在"刚体类型"设置为"运动学"时可用。即可以使用标准方法设置对象的动画，并将"刚体类型"设置为"运动学"，使其以动画方式执行，直至到达指定帧。

图9-11 "刚体属性"卷展栏

> **提示** 刚体无须设置动画即可使用该功能。例如，悬挂多个静止实体，需要其在不同时间下落。要执行此操作，只需将它们全部设置为"运动学"并启用"直到帧"，然后依次选择每一个实体，并指定需要受重力作用的开始帧即可。

烘焙 / **撤消烘焙**：将选定刚体的模拟动画转换为标准动画关键帧，以便进行渲染。仅用于动力学刚体。如果选定刚体经过烘焙，则按钮的标签为"撤消烘焙"，单击该按钮可以移除关键帧并使刚体恢复为"动力学"状态。

使用高速碰撞：用于启用连续的碰撞检测。如果启用此选项或"世界"＞"使用高速碰撞"，碰撞检测将应用于选定刚体。

在睡眠模式下启动：如果启用此选项，刚体将使用全局睡眠设置并以睡眠模式开始模拟。这表示，在受到未处于睡眠状态的刚体碰撞之前，它不会移动。

与刚体碰撞：启用（默认设置）此选项后，刚体将与场景中的其他刚体发生碰撞。

（2）"物理材质"卷展栏

"物理材质"卷展栏如图9-12所示。

"物理材质"属性控制刚体在模拟场景中的属性，包括质量、摩擦力、反弹力等。每个物体可以设置一种材质属性，或者可以使用预设值来模拟真实世界的物体。

图9-12 "物理材质"卷展栏

网格：下拉列表中可以选择要更改材质参数的刚体物理网格。默认情况下，其标签为"（对象）"。仅"覆盖物理材质"复选框处于启用状态的物理网格显示在该列表中。

预设值：从列表中选择一个预设，以指定所有的物理材质属性。选中预设时，设置是不可编辑的；当预设值设置"无"时可以编辑值。

密度：刚体的密度，度量单位为g/cm^3（克每立方厘米）。

质量：刚体的重量，度量单位为kg（千克）。

静摩擦力：两个刚体互相滑动的难度系数。值0.0表示无摩擦力；值1.0表示完全摩擦力。如果一个刚体的静摩擦力值为 0.0，则另一个刚体的摩擦力值是多少都无关紧要。

动摩擦力：两个刚体保持互相滑动的难度系数。从严格意义上说，此参数称为"动摩擦系数"。值0.0表示无摩擦力；值1.0表示完全摩擦力。在真实世界中，此值应小于静摩擦系数。

反弹力：对象撞击到其他刚体时反弹的程度和高度。值0.0表示无反弹；值1.0表示对象的反弹力度与撞击其他对象的力度一样。

（3）"物理图形"卷展栏

该卷展栏可以编辑模拟对象的物理图形，界面如图9-13所示。使用这些控件可添加和移除物理图形、更改图形类型、复制物理图形及其他操作。运行模拟时，MassFX使用指定的物理图形表示对象的真实状态。

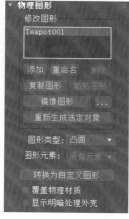

图9-13　"物理图形"卷展栏

"修改图形"组

［图形列表］：显示组成刚体的所有物理图形。

添加：将新的物理图形应用到刚体。默认情况下，新图形是凸面类型。添加图形后，可以在列表中选择更改图形类型、属性等。

重命名：更改选择的物理图形的名称。

删除：将选择的物理图形从刚体中删除。

复制图形：将选择的物理图形复制到剪贴板以便随后粘贴。

粘贴图形：将之前复制的物理图形粘贴到当前刚体中。

镜像图形：围绕指定轴翻转图形几何体。

…（镜像图形设置）：打开对话框用于设置沿相关轴对图形进行镜像。

重新生成选定对象：使用此选项可使物理图形重新适应编辑后的图形网格。

图形类型：物理图形类型，可用类型有"球体""长方体""胶囊""凸面""凹面""原始""自定义"。"球体""长方体""自定义"是MassFX基本体，模拟速度比其他网格类型更快。

图形元素：使"图形"列表中选择的图形匹配"图形元素"列表中选择的元素。

转换为自定义图形：单击该按钮时，在场景中创建一个新的可编辑网格对象，并将物理

图形类型设置为"自定义"。可以使用标准网格编辑工具调整网格，然后相应地更新物理图形。

覆盖物理材质：默认情况下，刚体的物理图形使用"物理材质"卷展栏上设置的材质设置。如果刚体结构复杂，需要为某些物理图形使用不同的设置。在此情况下，启用"覆盖物理材质"。

显示明暗处理外壳：启用时，将物理图形作为明暗处理视口中的明暗处理实体对象进行渲染。

（4）"物理网格参数"卷展栏

根据具体的"图形类型"设置，此卷展栏的内容会有所不同。

（5）"力"卷展栏

使用"力"卷展栏将力空间扭曲应用到刚体，其界面如图9-14所示。

图9-14　"力"卷展栏

使用世界重力：禁用此选项时，刚体仅使用此处应用的力并忽略全局重力设置。启用此选项时，刚体将使用全局重力设置。

应用的场景力：列出场景中影响对象的力空间扭曲。

添加：将场景中的力空间扭曲应用到对象。

移除：将场景中的影响对象的力空间扭曲删除。

（6）"高级"卷展栏

"高级"卷展栏如图9-15所示。

"模拟"组

覆盖解算器迭代次数：如果启用此选项，MassFX将为刚体使用此处指定的解算器迭代次数，即设置为解算器强制执行碰撞和约束所需的次数。

启用背面碰撞：仅可用于静态刚体。如果为凹面静态刚体指定了图形类型，启用此选项可确保动力学对象与其背面发生碰撞。

"接触壳"组

覆盖全局：启用此选项，将为选定刚体使用

指定的碰撞重叠设置，而不使用全局设置。

接触距离：允许移动刚体重叠的距离。

支撑深度：允许支撑体重叠的距离。

"初始运动"组

绝对/相对：此设置只适用于开始时为运动学类型之后在指定帧处切换为动力学类型的刚体。通常，这些实体的初始速度和初始自旋的计算基于它们变为动力学之前最后一帧的动画。该选项设置为"绝对"时，将使用"初始速度"和"初始自旋"的值取代基于动画的值。该选项设置为"相对"时，指定值将添加到根据动画计算得出的值。

初始速度：刚体在变为动态类型时的起始方向和速度（每秒单位数）。

初始自旋：刚体在变为动态类型时旋转的起始轴和速度（每秒度数）。

以当前时间计算：适用于设置了动画的运动学刚体。使用此功能可以应用来自运动学实体动画中某个点的初始运动值，而不是在刚体变为动态类型时所处帧的初始运动值。

"质心"组

从网格计算：自动为刚体确定适当的质心。

使用轴：使用对象的轴作为其质心。

局部偏移：用于设置对象轴与用作质心的X轴、Y轴、Z轴的距离。

（a）　　　　（b）　　　　（c）

图9-15　"高级"卷展栏

将轴移动到COM：重新将对象的轴定位在局部偏移 X、Y、Z 值指定的质心。

"阻尼"组

阻尼可减慢刚体的速度，通常用来减少模拟中的振动。

线性：为减慢移动对象的速度所施加的力的大小。

角度：为减慢旋转对象的速度所施加的力的大小。

9.2.2 案例：刚体集合的创建

案例学习目标：使用MassFX中的刚体工具完成茶壶下落的制作。

案例知识要点：通过刚体工具、烘焙工具等的配合使用来完成刚体动画效果的制作。

效果所在位置：本书配套文件包>第9章>案例：刚体集合的创建。

① 在透视中创建一个长方体，将长方体的长度和宽度值均设置为300，高度为5，如图9-16所示。调整创建对象在视图中的位置，将长方体的坐标都设置为0，如图9-17所示。

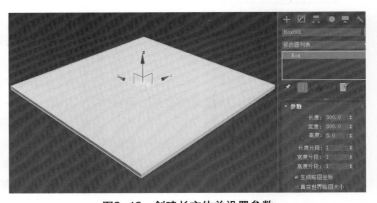

图9-16　创建长方体并设置参数

X: 0.0	Y: 0.0	Z: 0.0

图9-17　设置坐标系

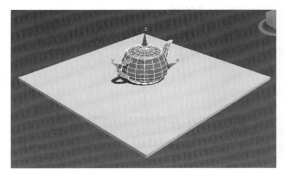

图9-18　设置半径

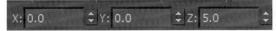

X: 0.0	Y: 0.0	Z: 5.0

图9-19　设置坐标

图9-20　选择"动力学刚体"

图9-21　选择"静态刚体"

X: 0.0	Y: 0.0	Z: 120.0

图9-22　沿Z轴设置高度

② 在透视中创建一个茶壶，将半径设置为40，如图9-18所示。调整创建对象在视图中的位置，将长方体的坐标X、Y、Z设置为"0，0，

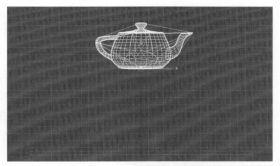

图9-23　茶壶位于长方体的正上方

图9-24　效果图

5"，如图9-19所示。

③ 在前视图中选择茶壶，在MassFX工具栏点击 ⬤（刚体集合）并按住鼠标左键不放，在弹出的卷展栏中选择"动力学刚体"，如图9-20所示。选择长方体，同样在MassFX工具栏点击 ⬤ 并按住鼠标左键不放，在弹出的卷展栏中选择"静态刚体"，如图9-21所示。

④ 点击选择茶壶刚体，将其沿Z轴向上提高120个单位，如图9-22所示，使茶壶位于长方体的正上方，效果如图9-23所示。

⑤ 点击MassFX工具栏的 ▶（开始模拟），开始播放动画，刚体茶壶开始下落，并落在长方体上，效果如图9-24所示。在没有错误的情况下，点击MassFX工具栏的 🔧，此时会弹出"模拟工具"面板，点击模拟烘焙组中的 烘焙所有 ，如图9-25所示，在视图下方的时间轴上就会生成动画关键帧。

⑥ 点击视图右下角动画控制区的 ▶（播放）按钮，即可播放动画，在没有错误的情况下

图9-25　模拟面板

（a）20帧

（b）50帧

（c）80帧

图9-26　动画效果

就可以将动画效果输出为视频或图片等，效果如图9-26所示。

⑦ 制作茶壶滚落的效果，将所有的动画效果删除，点击模拟面板中的 取消烘焙所有 ，取消所有的关键帧动画。将长方体X、Y、Z坐标设置为"0，0，500"，茶壶X、Y、Z坐标设置为"0，0，800"，效果如图9-27所示。此时长方体和茶壶都位于世界坐标轴的上方，效果如图9-28所示。

⑧ 在透视图中，选择长方体，沿着X轴进行旋转，旋转角度为30°，效果如图9-29所示。

（a）长方体　　　　　　（b）茶壶

图9-27　设置坐标

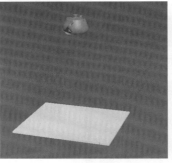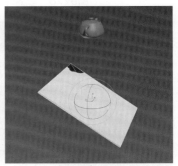

图9-28　设置长方体、　　　　图9-29　旋转长方体
茶壶的坐标

⑨ 设置完成后，点击MassFX工具栏的 ▶ （开始模拟），模拟动画效果：刚体茶壶下落并落在长方体上，最后滚出画面中，效果如图9-30所示。如果画面没有错误，点击模拟面板中模拟烘焙组的 烘焙所有 ，生成动画关键帧并通过渲染器进行输出设置。

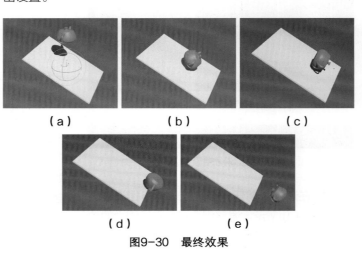

（a）　　　　　　（b）　　　　　　（c）

（d）　　　　　　（e）

图9-30　最终效果

9.3 ▶ 布料对象

9.3.1 布料对象参数

mCloth（布料对象）是3ds Max 2020提供的布料修改器，主要用于布料效果模拟。通过它，布料对象可以参与物理模拟，既影响模拟中其他对象，也受到这些对象的影响。

（1）"mCloth 模拟"卷展栏（图9-31）

布料行为：确定mCloth对象如何参与模拟。

动力学mCloth对象的运动影响模拟中其他对象，也受这些对象的影响。

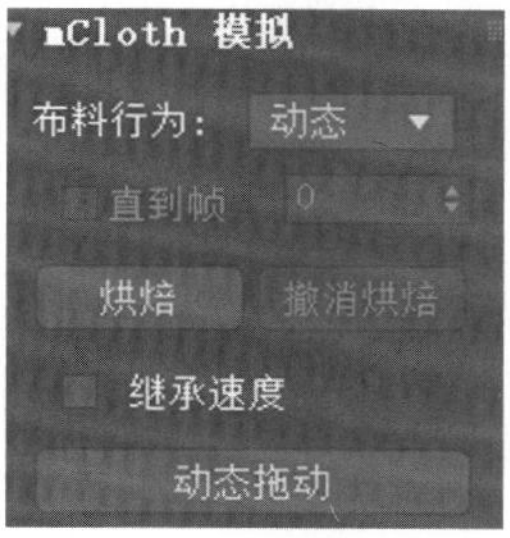

运动学mCloth对象的运动影响模拟中

图9-31　"mCloth模拟"卷展栏

其他对象，但不受这些对象的影响。

直到帧：启用时，MassFX会在指定帧处将选定的运动学布料转换为动力学布料。

提示　mCloth对象无需设置动画即可使用该功能。例如，在空气中悬挂多个手帕，然后在不同时间使其下落。要执行此操作，只需将它们全部设置为"运动学"并启用"直到帧"，然后依次选择每一个手帕，并指定需要受重力或其他力作用的开始帧即可。

烘焙 / 撤消烘焙 ：　"烘焙"可以将mCloth对象的模拟运动转换为标准动画关键帧以进行渲染。仅适用于动力学mCloth对象。烘焙所选mCloth对象后，可以使用"撤消烘焙"功能移除关键帧并将布料还原到动力学状态。

继承速度：启用时，mCloth对象可通过堆栈开始模拟。

动态拖动 ：不使用动画即可模拟，且

允许拖动布料以设置其姿势或测试行为。

（2）"力"卷展栏

"力"卷展栏可将力空间扭曲应用于mCloth对象。"力"卷展栏如图9-32所示。

使用世界重力：启用时，mCloth对象将使用MassFX全局重力。

图9-32　"力"卷展栏

应用的场景力：列出场景中影响模拟对象的力空间扭曲。

添加：将场景中的力空间扭曲应用于模拟中的对象。

移除：将应用于模拟对象的力空间扭曲删除。

（3）"捕获状态"卷展栏

"捕获状态"卷展栏如图9-33所示。

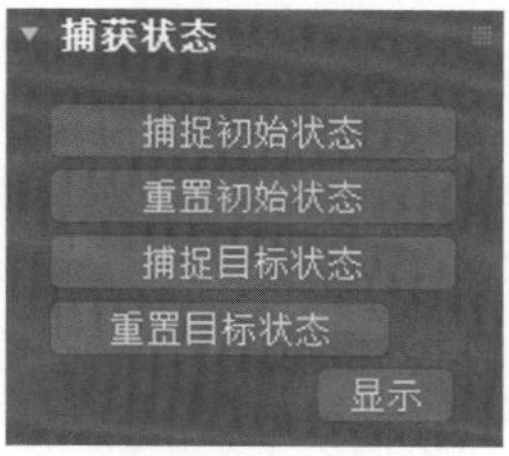

捕捉初始状态：将所选 mCloth 对象缓存的第一帧更新到当前位置。

重置初始状态：将所选 mCloth 对象的

图9-33　"捕获状态"卷展栏

状态还原为应用修改器之前的状态。

捕捉目标状态：抓取 mCloth 对象的当前变形，并定义三角形之间的目标弯曲角度。

重置目标状态：将默认弯曲角度重置为堆栈中 mCloth之前的状态。

显示 ：显示布料的当前目标状态。

（4）"纺织品物理特性"卷展栏

"纺织品物理特性"卷展栏如图9-34所示。

图9-34　"纺织品物理特性"卷展栏

加载：打开对话框，用于从保存文件中加载"纺织品物理特性"设置。

保存：打开对话框，用于将"纺织品物理特性"设置保存到预设文件。

重力比：使用全局重力处于启用状态时重力的倍增。

密度：布料的权重，以克每平方厘米为单位。

延展性：拉伸布料的难易程度。

弯曲度：折叠布料的难易程度。

使用正交弯曲：计算弯曲角度，而不是弹力。

阻尼：类似于布料的弹性，影响布料摆动或还原到初始位置的程度。

摩擦力：布料与自身或其他对象碰撞时抵制滑动的程度。

"压缩"组

限制：布料边可以压缩或折皱的程度。

刚度：布料边抵制压缩或折皱的程度。

（5）"体积特性"卷展栏

"体积特性"卷展栏如图9-35所示。默认情况下，mCloth对象的行为类似于二维布料。但是，通过"气泡式行为"选项，可以使该对象具有体积效果。

图9-35 "体积特性"卷展栏

启用气泡式行为：模拟封闭体积，如轮胎或垫子。

压力：充气布料对象的空气体积或坚固性。

（6）"交互"卷展栏

"交互"卷展栏如图9-36所示。

自相碰撞：启用时，mCloth对象将尝试阻止自相交。

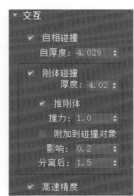
图9-36 "交互"卷展栏

自厚度：用于自碰撞的mCloth对象的厚度。如果布料自相交，则尝试增加该值。

刚体碰撞：启用时，mCloth对象可以与模拟中的刚体碰撞。

厚度：用于与模拟中的刚体碰撞的mCloth对象的厚度。如果其他刚体与布料相交，则尝试增加该值。

推刚体：启用时，mCloth对象可以影响与其碰撞刚体的运动。

推力：mCloth对象对与其碰撞刚体施加推力的强度。

附加到碰撞对象：启用时，mCloth对象会粘附到与其碰撞的对象上。

影响：mCloth对象对其附加到的对象的影响。

分离后：与碰撞对象分离前布料的拉伸量。

高速精度：启用时，mCloth对象将使用更准确的碰撞检测方法。

（7）"撕裂"卷展栏

这些控件提供对mCloth对象中撕裂的全局控制，界面如图9-37所示。

允许撕裂：启用时，布料将在受到充足力的作用时撕裂。

图9-37 "撕裂"卷展栏

撕裂后：布料边在撕裂前可以拉伸的量。

"撕裂之前焊接"组

选择在出现撕裂之前MassFX如何处理预定义撕裂。

顶点：顶点分割前在预定义撕裂中焊接顶点。

法线：沿预定义的撕裂对齐边上的法线，将二者混合在一起。

不焊接：不对撕裂边执行焊接。

（8）"可视化"卷展栏

"可视化"卷展栏如图9-38所示。

张力：启用时，通过顶点着色的方法显示布料的压缩和张力。拉伸的布料以红色表示，压缩的布料以蓝色表示，其他以绿色表示。

（9）"高级"卷展栏

"高级"卷展栏如图9-39所示。

抗拉伸：启用时，帮助防止低解算器迭代次数值的过度拉伸。

限制：允许的过度拉伸的范围。

使用COM阻尼：影响阻尼参数，从而获得更硬的布料。

硬件加速：启用时，将模拟使用GPU。

解算器迭代：每个循环周期内解算器执行的迭代次数。使用较高值可以提高布料的稳定性。

层次解算器迭代：层次解算器的迭代次数。

层次级别：力从一个顶点传播到相邻顶点的速度。增加该值可增加力在布料上扩散的速度。

图9-38 "可视化"卷展栏

图9-39 "高级"卷展栏

9.3.2 案例：模拟布料的创建

案例学习目标：使用MassFX中的布料系统完成茶壶下落的制作。

案例知识要点：通过对m Cloth、刚体集合及参数面板的调整等来完成布料动画效果的制作。

效果所在位置：本书配套文件包>第9章>案例：模拟布料的创建。

① 在视图中创建一个茶壶对象，再创建一个平面对象，参数设置如图9-40所示。平面对象位于茶壶的正上方，效果如图9-41所示。

② 选择茶壶物体，在动力学面板将其设置为静态刚体，选择平面物体，在动力学面板将其设置为布料系统。单击MassFX中工具栏的 ▶（开始模拟）按钮得到动态测试效果，如图9-42所示，发现布料出现了错误，这是由于布料碰到了地面，这时打开世界参数>场景设置>环境，

图9-40 创建茶壶、布料

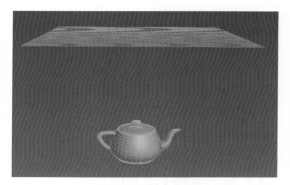

图9-41 创建平面

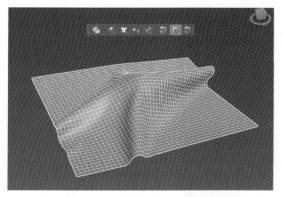

图9-42 设置动力学刚体

将"使用地面碰撞"复选框取消即可（图9-43）。

③点击 ◀◀（重置模拟），重新计算布料和

刚体的测试动画，如图9-44所示。如果没有错误，就可以点击 烘焙所有 ，进行关键帧的烘焙渲染。后期可以根据布料和刚体的属性进行相应的参数设置，得到不同的效果。

图9-43　设置布料

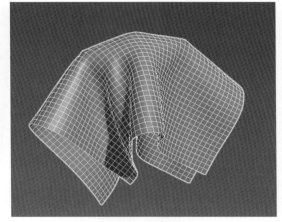

图9-44　最终效果

9.4 ▶ 约束辅助对象

9.4.1 约束辅助对象简介

　　MassFX的约束辅助对象（或"关节"）可以限制刚体在模拟中的移动，其约束类型如图9-45所示。现实世界中的一些约束示例包括转枢、钉子、索道和轴等。

　　约束辅助对象可以将两个刚体连接在一起，也可以将单个刚体固定到全局空间。约束组成了一个层次关系：子对象必须是动力学刚体，而父对象可以是动力学刚体、运动学刚体或为空（固定到全局空间）。

9.4.2 父对象和子对象的关联

　　大多数约束辅助对象会连接两个刚体，将子对象刚体连接到父对象刚体上，并沿着父对象移动和旋转。例如，转枢约束已连接汽车及车门，汽车作为父对象，车门为子对象，门旋转时打开和关闭门的距离限制不会更改，但是其方向与汽车的方向相关。

9.4.3 约束辅助对象界面

（1）"常规"卷展栏

　　"常规"卷展栏如图9-46所示。

"连接"组

　　将约束指定给刚体，既可以指定给父对象和子对象，也可仅指定给子对象。其中，父对象可以是动力学或运动学刚体；子对象必须为动力学刚体。如果同时指定父对象和子对象，则父对象

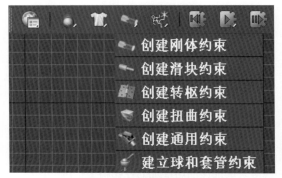

图9-45　约束辅助对象

的运动将受约束影响，子对象的运动将受父对象运动、约束的影响。如果仅指定子对象，则子对象将受约束的影响。

　　父对象：设置约束的父对象刚体。父对象可以是动力学或运动学对象，但不能是静态对象。

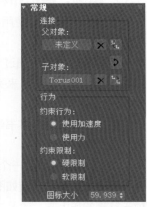

图9-46　"常规"卷展栏

　　![X]（删除）：单击该按钮删除父对象。当父对象被取消，约束会锚定到全局空间。

　　![图标]（移动到父对象的轴）：将约束设置在父对象的轴上。

　　![图标]（切换父/子对象）：反转父/子关系，

之前的父对象变成子对象，反之亦然。

子对象：设置约束的子对象刚体。子对象仅可以是动力学刚体，不能是运动学或静态刚体。

（删除）：使用该按钮删除子对象，但这将导致约束无效。

![移动到子对象的轴按钮]（移动到子对象的轴）：将约束设置在子对象的轴上。

"行为"组

约束行为：受约束实体是"使用加速度"还是"使用力"来确定约束行为。

使用加速度：该选项有助于提高关节总体的稳固性，但关节之间的质量平衡可能会出错。

使用力：该选项有助于生成更精确的运动效果，但弹簧和阻尼的计算公式都包含质量参数，结果可能更难控制。

约束限制：约束会根据"硬限制"或"软限制"设置来采取限制行动。

硬限制：当子对象刚体到达运动范围的边界时，将根据确定的"反弹"值反弹回来。

软限制：当子对象刚体到达运动范围的边界时，将激活弹簧和阻尼来减慢子对象或应用力以使其返回限制范围内。

图标大小：在视口中绘制约束辅助对象的大小。

（2）"平移限制"卷展栏

使用这些设置可以指定受约束子对象线性运动的允许范围，界面如图9-47所示。

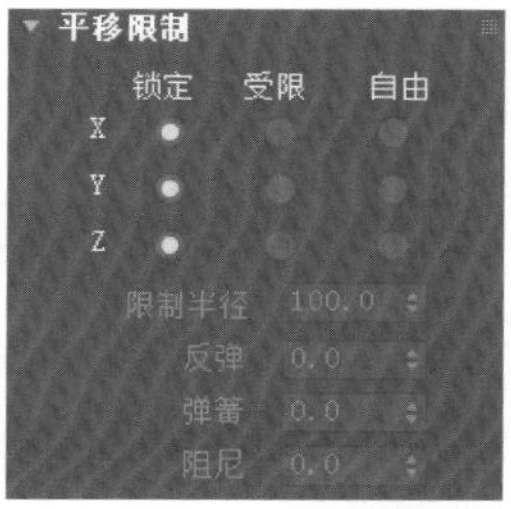

X/Y/Z：为每个轴选择沿轴约束运动的方式。

锁定：防止刚体沿此局部轴移动。

受限：允许对象按"限制半径"大小沿局部轴移动。

自由：刚体沿着各自轴的运动是不受限

制的。

限制半径：父对象和子对象可以从其"初始偏移"偏离到受限轴的距离。

反弹：碰撞时对象偏离限制而反弹的程度。值0.0表示没有反弹，而值1.0表示完全反弹。

弹簧：在超限情况下将对象拉回限制点的"弹簧"强度。较小的值表示低弹簧力，较大的值会随着力增加将对象拉回到限制。

阻尼：对于任何受限轴，在平移超出限制时它们所受的移动阻力数量。

（3）"摆动和扭曲限制"卷展栏

使用这些设置可以指定受约束子对象的运动角度的允许范围，界面如图9-48所示。

"摆动Y"组、"摆动Z"组

"摆动Y"和"摆动Z"分别表示围绕约束的局部Y轴和Z轴旋转。

锁定：防止父对象和子对象围绕约束的各自轴旋转。

受限：允许父对象和子对象围绕轴的中心旋转固定数量的度数。

图9-48　"摆动和扭曲限制"卷展栏

自由：允许父对象和子对象围绕约束的局部轴无限制旋转。

角度限制：当"摆动"设置为"受限"时，允许离开中心旋转的度数。此数值应用到两侧，因此总的运动范围是该值的两倍。

反弹：当"摆动"设置为"受限"时，碰撞时对象偏离限制而反弹的数量。值0.0表示没有反弹，而值1.0表示完全反弹。

弹簧：在超限情况下将对象拉回限制点的"弹簧"强度。较小的值表示低弹簧力，较大的

图9-47　"平移限制"卷展栏

值将对象拉回到限制。

阻尼：当"摆动"设置为"受限"且超出限制时，对象在限制以外所受的旋转阻力数量。

"扭曲"组

扭曲是指围绕约束的局部X轴旋转。

锁定：防止父对象和子对象围绕约束的局部X轴旋转。

受限：允许父对象和子对象围绕局部X轴在固定角度范围内旋转。

自由：允许父对象和子对象围绕约束的局部X轴无限制旋转。

限制：当"扭曲"设置为"受限"时，"左"和"右"值是两侧限制的绝对度数。

（4）"弹力"卷展栏

"弹性"和"阻尼"设置控制着约束的效果，界面如图9-49所示。

"弹到基准位置"组

弹性：将父对象和子对象拉回到其初始偏移位置的力量。

图9-49 "弹力"卷展栏

较小值代表弹簧力弱，而较大值代表弹簧力强。值0.0表示没有弹簧力。

阻尼：弹性不为零时用于限制弹性的阻力。这会减弱弹簧的效果。

"弹到基准摆动"组

类似于"弹到基准位置"，但将对象拉回到其围绕局部Y轴和Z轴的初始旋转偏移。

"弹到基准扭曲"组

类似于"弹到基准摆动"，但将对象拉回到其围绕局部X轴的初始旋转偏移。

（5）"高级"卷展栏（图9-50）

父/子刚体碰撞：如果禁用此选项，由约束所连接的父刚体和子刚体将无法相互碰撞。如果启用此选项，可以使两个刚体发生碰撞，并对其他刚体做出反应。

"可断开约束"组

可断开：如果启用此选项，在模拟阶段可能会破坏约束。如果在父对象和子对象之间应用超出"最大力"的线性力或超出"最大扭矩"的扭曲力，则"破坏"约束。

图9-50 "高级"卷展栏

最大力："可断开"处于启用状态时，如果线性力的大小超过该值，将断开约束。

最大扭矩："可断开"处于启用状态时，如果扭曲力的数量超过该值，将断开约束。

"投影"组

投影类型：父对象和子对象违反约束的限制时，需要选择投影方法并设置相应的值。

无投影：不执行投影。

仅线性（较快）：投影线性距离，需要设置"距离"值。

线性和角度：执行线性投影和角度投影，需要设置"距离"和"角度"值。

距离：必须超过约束冲突的最小距离，投影才能生效，低于此距离不会使用投影。

角度：必须超过约束冲突的最小角度，投影才能生效。低于该角度将不会使用投影。

9.5 ▶ MassFX碎布玩偶

碎布玩偶辅助对象是MassFX的一个重要组件，可让动画角色作为动力学和运动学刚体参与到模拟中。动画角色可以是骨骼系统或Biped骨骼，以及使用蒙皮的关联网格模型等（图9-51）。

碎布玩偶包含一组由约束连接的刚体。这些刚体是使用"创建碎布玩偶"命令时MassFX自动创建的。它将角色的每个骨骼赋予一个"刚体"修改器，而每对连接的骨骼将获得一个约束。因此，可以使用碎布玩偶辅助对象来设定角色的全局模拟参数。若要调整刚体和约束，则需要逐个选择它们，然后使用相应控件。碎布玩偶的界面参数如下。

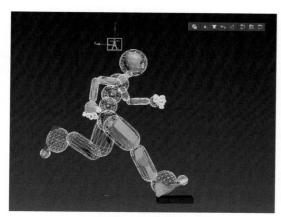

图9-51　碎布玩偶应用

（1）"常规"卷展栏

　　"常规"卷展栏包含与显示相关的碎布玩偶设置，界面如图9-52所示。

　　显示图标：切换碎布玩偶对象的显示图标。碎布玩偶图标始终朝向视点。它在场景中将保持静止，但可以将其移动到任意位置。

　　图标大小：碎布玩偶辅助对象图标的显示大小。

　　显示骨骼：切换骨骼物理图形的显示。

　　显示约束：切换连接刚体的约束的显示。这些约束确定模拟中碎布玩偶角色的关节行为。

　　比例：约束的显示大小。增加此值可以更容易地在视口中选择约束。

图9-52　"常规"卷展栏

（2）"设置"卷展栏

　　"设置"卷展栏如图9-53所示。

　　"碎布玩偶类型"组

　　确定碎布玩偶如何参与模拟。

　　动力学：碎布玩偶运动影响模拟中其他对象，并受其他对象的影响。

　　运动学：碎布玩偶运动影响模拟中其他对象，但不受其他对象影响。

图9-53　"设置"卷展栏

> **提示**　为获得最佳结果，在将碎布玩偶Biped设定为"动力学"时，Biped 不应包含任何动画。特别是使用通过行走工具设置动画的Biped作为动力学碎布玩偶，可能会导致意外的结果。同样，避免在模拟中使用"直到帧"选项，并将各个碎布玩偶对象的刚体从"运动学"切换为"动力学"。通常，不宜混合动画类型和碎布玩偶类型。

　　"骨骼"组

　　拾取：单击此按钮后，单击角色中尚未与碎布玩偶关联的骨骼，会对每个已添加的骨骼应用MassFX刚体修改器。

　　添加：单击此按钮将打开"选择骨骼"对话框，列出角色中尚未与碎布玩偶关联的所有骨骼，并对每个已添加的骨骼应用MassFX刚体修改器。

移除：取消骨骼列表中选择的骨骼与碎布玩偶的关联。从每个已取消关联的骨骼中删除MassFX刚体修改器，但不删除或修改骨骼本身。

名称：列出碎布玩偶中的所有骨骼。

"按名称搜索"：输入搜索文本可选择匹配的项目。

"选择"组

全部：单击可选择所有列表条目。

反转：单击可选择所有未选择的列表条目，并从选择的列表条目中删除选择。

无：单击可从所有列表条目中删除选择。

"蒙皮"组

使用这些控件可添加和删除与碎布玩偶使用相同骨骼的蒙皮网格。

拾取：点击该按钮可从视口中拾取蒙皮模型。

添加：用于从应用了"蒙皮"修改器的场景中添加网格。

移除：从碎布玩偶中删除选择的蒙皮网格。

[蒙皮列表]：列出与碎布玩偶角色关联的蒙皮网格。

（3）"骨骼属性"卷展栏

使用这些设置可指定MassFX如何将物理图形应用到碎布玩偶组件，界面如图9-54所示。

"物理图形"组

源：确定图形的大小。从其下拉列表中可选择骨骼、最大网格数两个选项。

骨骼：围绕骨骼图形适配物理图形。此选项通常很有用，但仅限于角色不包含蒙皮网格时。

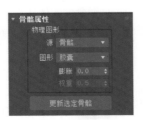

图9-54　"骨骼属性"卷展栏

最大网格数：在关联蒙皮对象中，查找在"蒙皮"修改器中的加权高于"权重"阈值的顶点，然后围绕这些顶点适配物理图形。

图形：指定用于选择的骨骼物理图形类型。可以从其右侧下拉列表中可选择胶囊、球体、凸面外壳3个选项。

胶囊：围绕每个骨骼适配胶囊形状的物理图形。

球体：围绕每个骨骼适配球形物理图形。

凸面外壳：围绕每个骨骼适配凸面物理图形。

膨胀：展开物理图形使其超出顶点或骨骼。若要使物理图形小于骨骼或模型，应使用负值。

权重：在确定每个骨骼要包含的顶点时，与"蒙皮"修改器中的权重值相关的截止权重。此值越低，每个骨骼包含的顶点就越多，因此对于多个重叠的骨骼可能会重复使用一些顶点。

更新选定骨骼：为列表中选择的骨骼应用所有更改后的设置，然后重新生成其物理图形。

（4）"碎布玩偶属性"卷展栏

"碎布玩偶属性"卷展栏如图9-55所示。

"碎布玩偶质量"组

使用默认质量：启用后，碎布玩偶中每个骨骼的质量为刚体中定义的质量。

总体质量：整个碎布玩偶的模拟质量，计算结果为碎布玩偶中所有刚体的质量之和。默认"总体质量"值为0.0。如果启用"使用默认质量"将计算"总体质量"值，并将其显示为只读值。

图9-55　"碎布玩偶属性"卷展栏

分布率：使用"重新分布"时，此值将决定相邻刚体之间的最大质量分布率。

重新分布：根据"总体质量"和"分布率"的值，重新计算碎布玩偶刚体的质量。

（5）"碎布玩偶工具"卷展栏

更新选定骨骼：通过单击此按钮可将更改后的设置应用到整个碎布玩偶。

9.6 ▶ 课堂实训：刚体碰撞动画的制作

实训目标：使用MassFX的刚体来完成碰撞动画的制作。

实训要点：通过MassFX中动力学刚体和静态刚体，以及物理材质、图形类型和接触壳等的配合使用来完成动画效果的制作。

效果所在位置：本书配套文件包>第9章>课堂实训：刚体碰撞动画的制作。

① 双击刚体碰撞动画的初始效果文件，打开后效果如图9-56所示。场景中包含3个文件，分别是桌面、碗和球体。

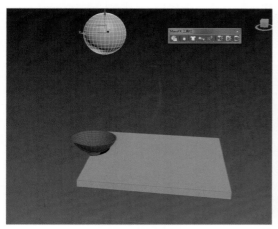

图9-56　打开场景文件

② 首先对场景中的物体进行刚体设置，点选球体模型，在MassFX中将其设置为"动力学刚体"，在修改面板中打开"物理图形"卷展栏，将图形类型选择为 **球体** ▼（图9-57），修改完成后进入修改堆栈栏的网格变换子层级，然后使用鼠标拖动图形类型查看，如图9-58所示。

③ 选择碗模型，在MassFX中将其设置为动力学刚体，并在修改面板中打开"物理材质"卷展栏，将反弹力设置为0，如图9-59所示。然后在修改面板中打开物理图形卷展栏，将图形类型选择为 **凹面** ▼，如图9-60所示。

④ 继续对碗模型的物理网格进行修改，打

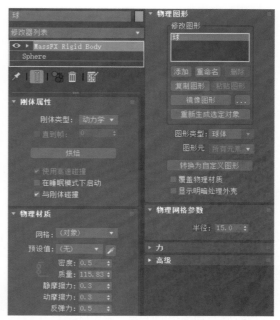

图9-57　选择图形类型

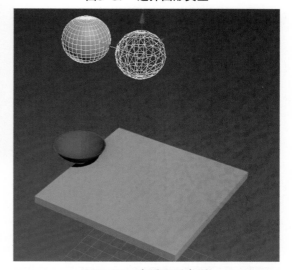

图9-58　查看图形类型

图9-59　设置反弹力

图9-60　设置图形类型

开"物理网格参数"卷展栏，将网格细节设置为0，高级参数组中的最小外壳大小设置为0.25，每个外壳最大顶点数设置为20（图9-61），然后点击 生成 ，此时计

图9-61　物理网格参数设置

算机开始计算参数，在计算完成后生成新的物理网格，如图9-62所示。

⑤ 选择桌面模型，将其设定为静态刚体。现在开始对场景进行模拟演算，点击MassFX工具栏的 ▶ （开始模拟）按钮模拟场景动画。在模拟过程中，会发现视图中的动画出现了明显错误，如图9-63、图9-64所示。

⑥ 修改动画中的错误，点击MassFX工具栏

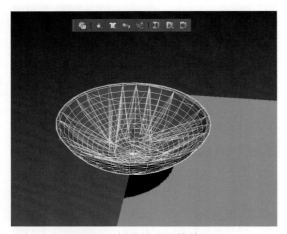

图9-62　新的物理网格效果图

图9-63　交叉错误（1）

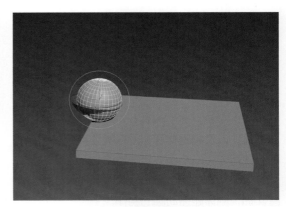

图9-64　交叉错误（2）

的 ◀◀ （重置模拟）按钮复位，返回模拟之前的状态，选择球模型，在修改面板中打开"高级"卷展栏，将接触壳组的覆盖全局前面的 □ 勾选，并将接触距离和支撑深度分别设置为6、7，如图9-65所示。同样，选择碗模型，勾选覆盖全局，将接触距离和支撑深度设置为1、0，如图9-66所示。选择桌面模型，勾选覆盖全局，将接触距离和支撑深度分别为0、0，如图9-67所示。

图9-65　设置球模型

图9-66　设置碗模型

图9-67　设置桌面模型

⑦ 调整完成后，再次点击MassFX工具栏的 ▶ （开始模拟）按钮，开始模拟

动画效果，效果如图9-68所示。在确定没有错误的情况下，即可打开MassFX工具栏的模拟面板中模拟烘焙组的 烘焙所有 ，生成动画关键帧，并通过渲染器进行输出设置。

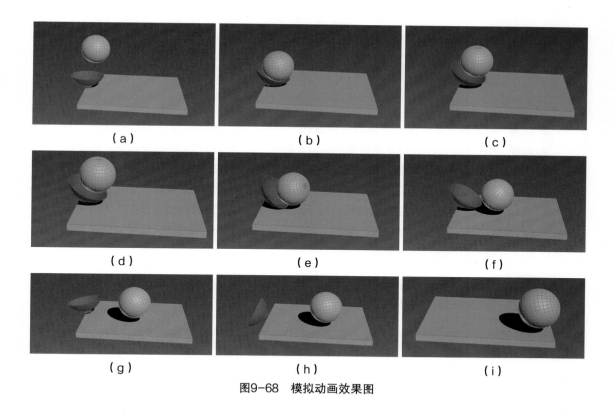

图9-68　模拟动画效果图

课后习题

打开本书配套文件包>第9章>布料与刚体动画制作中的初始效果文件（图9-69），综合运用本章所学知识点，进行布料与刚体相结合的动画案例设计制作，实现如图9-70所示的效果。具体操作步骤及最终效果文件见文件包。

图9-69　打开场景文件

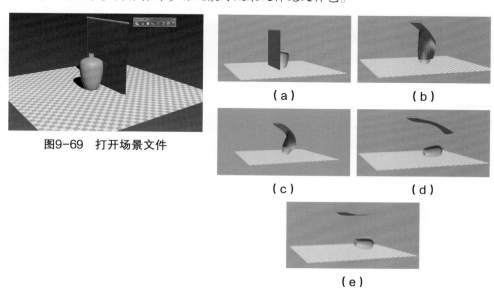

图9-70　最终效果

第**10**章
粒子系统及空间扭曲

本章内容 粒子系统是生成不可编辑子对象的一系列对象，主要用于三维动画特效的制作。3ds Max提供了包含粒子流源、喷射、雪等几种内置的粒子系统，功能强大且操作相对简单。空间扭曲是可以为场景中的其他对象提供各种"力"效果的对象，如某些空间扭曲可以生成波浪、涟漪或者爆炸效果等，使几何体发生变形，还有一些空间扭曲可以用于粒子系统，模拟出各种自然效果。本章重点介绍粒子源流、粒子阵列等粒子系统的发射方式和使用方法，以及如何使用空间扭曲制作动画效果等。

学习目标 了解和掌握粒子系统的发射方式和使用方法；了解常用空间扭曲对象；掌握常用空间扭曲的使用方法。

10.1 ▶ 粒子系统

粒子系统用于各种动画特效的制作，它使用大量的粒子模型通过复杂的程序计算生成动画，例如暴风雪、水流或爆炸等（图10-1）。3ds Max 2020提供两种不同类型的粒子系统：事件驱动型和非事件驱动型。事件驱动粒子系统，又称为粒子流源，它可以设置事件中的粒子属性，每个事件指定粒子的不同属性和行为，并根据测试结果将其发送给不同的事件。在非事件驱动粒子系统中，粒子通常在动画中显示一致的属性和行为。

图10-1　粒子系统创建的喷泉

提示 粒子系统运算涉及大量实体模型，每个模型都要经历多次的复杂计算。因此，它们用于高级模拟时，必须使用配置较高的计算机，且内存容量尽可能大。另外，功能强大的图形显卡可以加快粒子实体在视口中的显示速度。如果碰到系统失去响应的问题，就要耐心等待粒子系统完成计算，然后尝试减少系统中的粒子数，实施缓存或采用其他方法来优化性能。

在使用3ds Max粒子系统时，首先需确定系统要生成的动画效果。通常情况下，对于简单动画，如下雪或喷泉，使用非事件驱动粒子系统制作相对快捷简便。对于较复杂的动画，例如破碎、火焰和烟雾，使用粒子流源则可以获得最佳的动画效果。

10.1.1 基本粒子系统

粒子流源通过"粒子视图"的对话框来完成事件驱动型粒子模型制作。在"粒子视图"中，可将一定时期内需要表现粒子属性（如形状、速度、方向和旋转）的"操作符"合并到事件组中。每个"操作符"都提供一系列参数，通过修改参数设置动画，以控制事件期间的粒子行为。随着时间的推移，粒子流源会不断地计算列表中的每个操作符，并相应生成粒子系统动画。

粒子流源的图标默认作为粒子的发射器使用。默认情况下，它显示为带有中心徽标的矩形，其图标如图10-2所示。

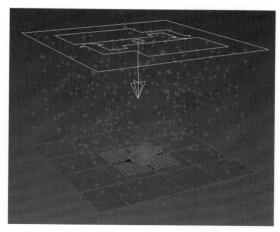

图10-2　粒子流源视图图标

粒子视图是构建和修改粒子源流系统的对话框（图10-3）。它与粒子流源图标拥有相同的名称。在视图中选择源图标时，粒子源流发射器卷展栏将出现在"修改"面板上，可使用这些控件设置全局属性，例如图标属性、粒子数量等。

（1）"设置"卷展栏

用于打开和关闭粒子系统，以及打开"粒子视图"，界面如图10-4所示。

启用粒子发射：打开和关闭粒子系统。默认设置为启用。

粒子视图：单击可打开粒子视图对话框。

（2）"发射"卷展栏

设置发射器图标的物理特性，以及渲染时视口中生成的粒子的百分比，如图10-5所示。

"发射器图标"组

徽标大小：设置显示粒子流徽标的大小，以

图10-3　粒子视图

图10-4　"设置"卷展栏

图10-5　"发射"卷展栏

及指示粒子运动方向的箭头（参见图10-2）。该设置仅影响徽标的视口显示，不会影响粒子系统。

图标类型：选择源图标的几何体，如矩形、长方形、圆形或球体。仅当将源图标作为粒子发射器时，此选择才起作用。

长度：设置"矩形"和"长方形"图标类型的长度以及"圆形"和"球体"图标类型的直径。

宽度：设置"矩形"和"长方体"图标类型的宽度。不适用于"圆形"和"球体"图标类型。

高度：设置"长方体"图标类型的高度。仅适用于"长方体"图标类型。

显示：打开和关闭徽标和图标的显示，此设置仅影响视口显示，不会影响粒子系统。

"数量倍增"组

设置渲染时视口中实际生成的粒子总数的百分比，但不影响可见粒子的百分比。

视口%：设置视口内生成粒子总数的百分比。默认值为50.0。范围为0.0~10000.0。

渲染%：设置渲染时生成粒子总数的百分比。默认值为100.0。范围为0.0~10000.0。

（3）"选择"卷展栏

使用这些控件选择粒子，其界面如图10-6所示。

（粒子）：通过单击粒子或拖动一个区域来选择粒子。

（事件）：按事件选择粒子。通过高亮显示"按事件选择"列表中的事件或使用标准选择方法在视口中选择一个或多个事件中的粒子。

图10-6 "选择"卷展栏

"按粒子ID选择"组

每个粒子都有唯一的ID号，使用这些控件可按粒子ID号选择和取消选择粒子。

ID：此控件可设置要选择的粒子ID号。每次只能设置1个数字。

添加：输入要选择的粒子的ID号后，单击可将其添加到选择中。

移除：输入要选择的粒子的ID号后，单击可将其从选择中移除。

清除选择内容：启用后，单击"添加"选择粒子会取消选择所有其他粒子。

从事件级别获取：单击可将"事件"级别选择转化为"粒子"级别。

[按事件选择列表]：显示粒子流中的所有事件。

选定粒子：显示选定粒子的数目。

（4）"系统管理"卷展栏

使用这些设置可限制系统中的粒子数，并指定更新系统的频率（图10-7）。

图10-7 "系统管理"卷展栏

"粒子数量"组

上限：系统可包含粒子的最大数。默认设置为100000。范围为1~10000000。

"积分步长"组

较小的积分步长可以提高精度，但需要较多的计算时间。在渲染时，要根据需要对视口中的粒子动画应用不同的积分步长。大多数情况下，使用默认"积分步长"设置即可。

视口：设置在视口中播放动画的积分步长。默认设置为"帧"（每个1次）。范围为"八分之一帧"至"帧"。

渲染：设置渲染时的积分步长。默认设置为"半帧"（每帧两次）。范围为"1 Tick"至"帧"。

（5）"脚本"卷展栏

该卷展栏（图10-8）将脚本应用于每个积分步长并查看

图10-8 "脚本"卷展栏

每帧的最后一个积分步长。

"每步更新"组

"每步更新"脚本在每个积分步长的末尾，计算完粒子系统中所有动作和所有粒子。

启用脚本：启用后按每积分步长执行内存中的脚本。可以通过单击"编辑"按钮修改此脚本，或者使用组中其余控件加载并使用脚本文件。

编辑：单击此按钮可打开当前脚本的文本编辑器窗口。如果未加载脚本，单击"编辑"将显示"打开"对话框，在该对话框中可以加载脚本。

使用脚本文件：当此项处于启用状态时，可以通过单击下面按钮加载脚本文件。

无：单击此按钮可显示"打开"对话框，可通过此对话框加载脚本文件。

"最后一步更新"组

当完成所查看或渲染的最后一个积分步长后，执行"最后一步更新"脚本。

启用脚本：在最后的积分步长后执行内存中的脚本。

编辑：单击此按钮可打开当前脚本的文本编辑器窗口。

使用脚本文件：启用时，可以通过单击下面按钮加载脚本文件。

无：单击此按钮可打开对话框，从磁盘加载脚本文件。

（6）粒子视图界面

"粒子视图"提供了用于创建和修改粒子系统的界面，如图10-9所示，主窗口是粒子系统的粒子图表。其中，粒子系统包含1个或多个相互关联的事件，每个事件包含1个具有1个或多个"操作符"和"测试"。"操作符"和"测试"统称为动作。

事件1称为全局事件，因为它包含的任何操作符都能影响整个粒子系统。全局事件与"粒子流"图标的名称一样，默认为"粒子流源"。跟随其后的是出生事件，如果系统要生成粒子，它必须包含"出生"操作符。默认情况下，出生事

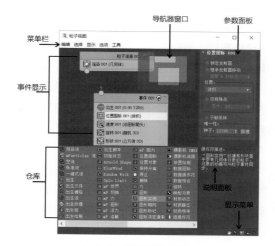

图10-9　粒子视图界面

件包含此操作符以及定义系统属性的其他几个操作符，可以添加任意数量的后续事件，出生事件和附加事件统称为局部事件。之所以称为局部事件，是因为局部事件的动作通常只影响处于当前事件中的粒子。事件与事件的联系需要通过"测试"连接。"测试"用来确定粒子何时可满足条件离开当前事件并进入到不同事件中。此关联定义了粒子系统的结构或流。

在粒子视图对话框中，"事件显示"上面是"菜单栏"，下面是"仓库"，它包含粒子系统中可以使用的所有动作，包含操作符、测试等。

> **提示**　按6键是打开"粒子视图"的快捷方式。无需首先选择"粒子流"图标。

"粒子视图"包含以下元素。

① 菜单栏：提供了用于编辑、选择、调整视图以及分析粒子系统的功能。

② 事件显示：包含粒子图表，并提供修改粒子系统的功能。事件显示导航器可以让使用者在粒子图表上快速移动。

a. 常规事件编辑

要将某动作添加到粒子系统中，可以将该动作从仓库拖入到事件显示中。将其拖入到现有事

件时，该动作会显示红线或者蓝线。如果是红线，则新动作将替换原始动作。如果是蓝线，则该动作将插入到列表中。此外，如果将其放置到事件显示的空白区域，则会创建一个新事件。

单击动作的名称时，动作参数将显示在"粒子视图"的右侧。如果未显示参数，则表明参数面板处于隐藏状态。要显示参数面板，可选择"显示"菜单>"参数"。

若要将测试与事件关联，选择测试输出的绿色圆圈（向测试的左侧伸出）拖至事件输入（从顶部伸出），如图10-10所示。同样，通过在全局事件底部的源输出和事件输入之间拖动，可以将全局事件与出生事件关联。

b．导航器窗口

"事件显示"的右上角是导航器窗口，如图10-11所示，它是显示所有事件的贴图。导航器中的红色矩形代表"事件显示"当前的边界。在导航器中可以拖动矩形改变视图。尤其是当"粒子流"系统包含大量事件时，导航器会变得非常有用。

③ 参数面板

用于查看和编辑选定动作的参数。

④ 仓库

包含几种默认的粒子系统和所有的"粒子流"动作。单击仓库中的动作，对话框右侧会出现说明文字。仓库的内容可划分为三个类别：操作符、测试和流。

a．操作符

操作符是粒子系统的基本元素，用于描述粒子速度、方向、形状、外观以及其他。将操作符应用到事件中可指定粒子的特性，如图10-12所示。操作符在"粒子视图"仓库中按字母顺序显示。操作符的图标都有蓝色背景，但"出生"操作符例外，它具有绿色背景。

b．测试

测试在"粒子视图"仓库中按照字母顺序列出。测试的图标均为黄色菱形，通常是电气开关的简图，如图10-13所示。测试的功能是确定粒子是否满足一个或多个条件，如果满足，粒子通过测试时，称为"测试为真值"，粒子就会被发送到另一个事件；未通过测试的粒子被称为"测试为假值"，粒子则保留在该事件中，受该事件的操作符和测试的影响。可以在一个事件中使用多个测试；第一个测试检查事件中的所有粒子，第一个测试之后的每个测试只检查保留在该事件中的粒子。

提示 一定要将测试放在事件结尾，除非由于特定原因需要将其放在其他位置。因此，在每个积分步长期间，所有前面的操作可以在测试求值之前生效。

---

c．流

"流"类别提供用于创建不同种类的初始粒子系统。要使用流，只需将其从仓库拖动到"粒

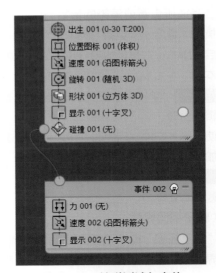

图10-10　关联测试与事件

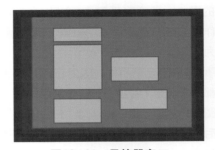

图10-11　导航器窗口

子视图"主窗口中。图10-14中列出了可用的"流"。

⑤ "说明"面板：将高亮显示的仓库项目的简短说明。

⑥ 显示菜单：使用对话框右下角中的显示工具，可以平移和缩放、隐藏事件显示窗口。

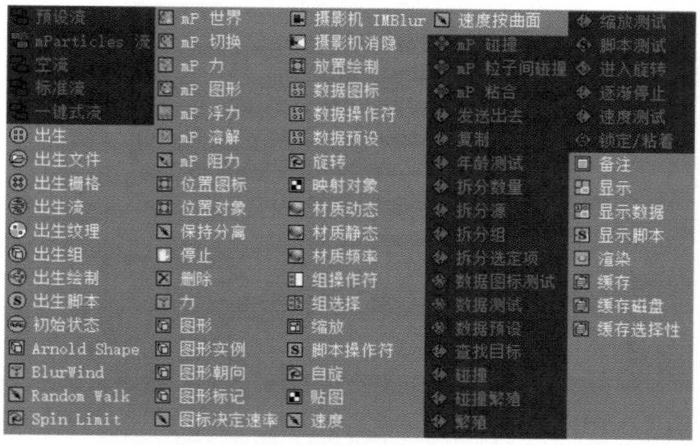

图10-12　"粒子视图"仓库中的粒子流操作符

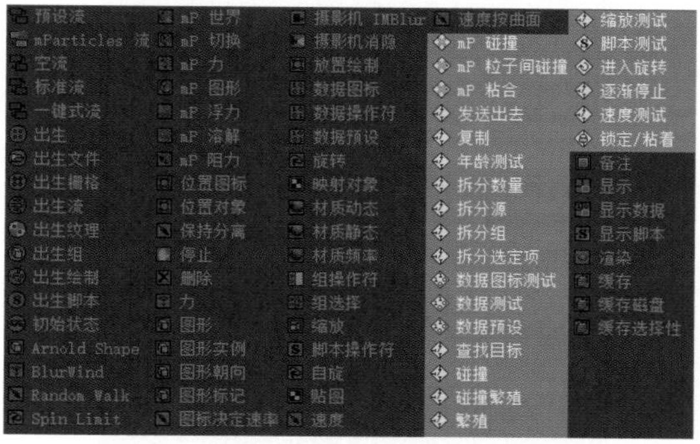

图10-13　"粒子视图"仓库中的粒子流测试

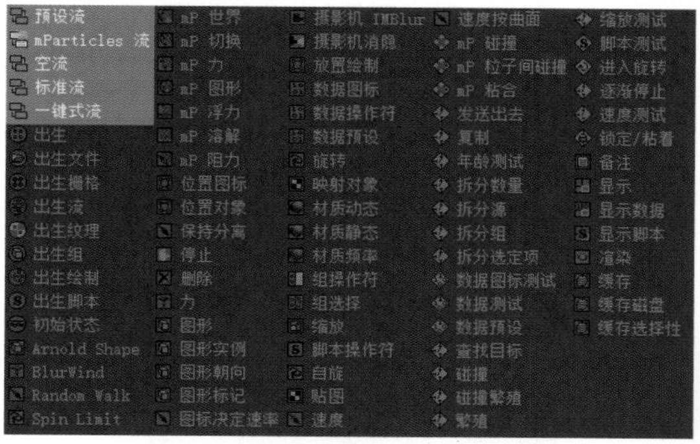

图10-14　"粒子视图"仓库中的粒子流

10.1.2 案例：烟火粒子特效制作

案例学习目标：学习粒子源流粒子系统的操作方式和参数调节。

案例知识要点：掌握粒子源流粒子系统的创建方式和粒子事件的设置方式，通过不同粒子事件的组合，配合力效果的使用，来完成粒子特效的制作过程。

效果所在位置：本书配套文件包>第10章>案例：烟火粒子特效制作。

① 单击"➕（创建）>⬤（几何体）>粒子系统>粒子源流"按钮，在场景中创建一个粒子流系统，效果如图10-15所示。在修改面板修改其参数，如图10-16所示。

图10-15　创建粒子源流图

② 单击"➕（创建）>〰（空间扭曲）>力>重力"按钮，在场景中创建一个重力场系，调节其参数，如图10-17所示。单击"➕（创建）>〰（空间扭曲）>力>阻力"按钮，在场景中创建一个阻力，调节其参数，如图10-18所示。创建好的场景如图10-19所示。

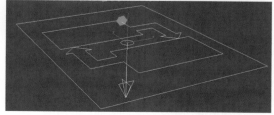

图10-16　创建粒子源流参数面板

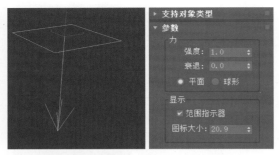

图10-17　重力参数面板并修改参数

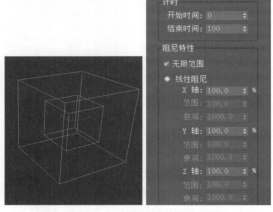

图10-18　创建阻力并修改参数

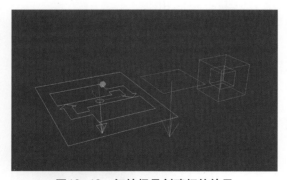

图10-19　初始场景创建好的效果

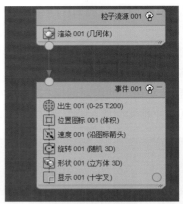

图10-20　粒子流源001事件设置

图10-21　事件001参数设置

图10-22　事件001设置完成

③ 选择粒子流源，在编辑修改列表中打开粒子视图，如图10-20所示。接下来调整事件001相关参数，将粒子仓库中的力、年龄测试拖拽到事件中，并调整出生001、速度001、力001、年龄测试001相关参数，如图10-21所示。

④ 设置完成后的事件001如图10-22所示。继续创建事件，将年龄测试拖拽到窗口中，生成

事件002，将粒子仓库中的速度、删除、缩放、力、繁殖拖拽到事件002中如图10-23所示。繁殖001的参数设置如图10-24所示。力002、力003、年龄测试002、删除001的参数设置如图10-25所示。

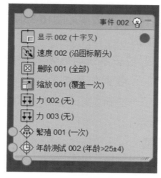

图10-23　事件002参数设置

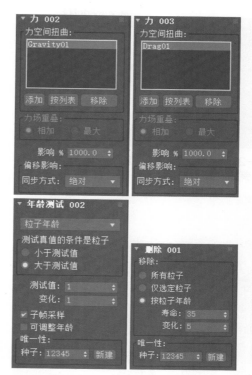

图10-25　事件002参数设置

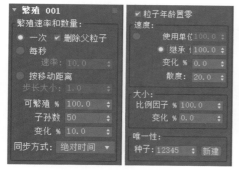

图10-24　繁殖001参数设置

⑤ 设置完成后的事件002如图10-26所示。继续创建事件，将繁殖拖拽到窗口中，生成事件003，将粒子仓库中的删除、力拖拽到事件003中。繁殖002的参数设置如图10-27所示。在力004、力005列表中，将创建好的重力和阻力分别拾取进来。002设置参数如图10-28所示。设置完成后的事件003如图10-29所示。

⑥ 设置完成后，粒子事件总览如图10-30所示。将事件001的形状001修改为80面球体3D，事件001、事件002和事件003的显示全部调整为类型：几何体。拖动时间滑块在视图中预览，便可以看到粒子烟火的展示效果，如图10-31所示。

图10-26　事件002参数设置完成

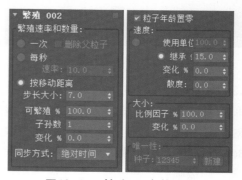

图10-27　繁殖002参数设置

图10-28 删除002
参数设置

图10-29 事件003参数设置
完成

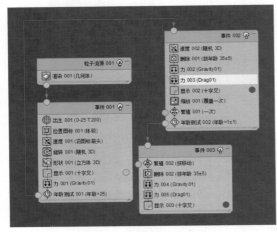

图10-30 粒子事件总览

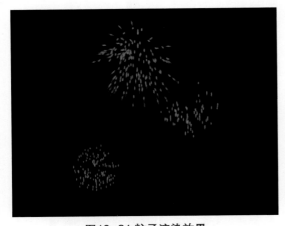

图10-31 粒子渲染效果

10.1.3 高级粒子系统

　　非事件驱动粒子系统提供了相对简单的生成粒子对象的方法，可以模拟雪、雨、烟雾等效果。3ds Max提供了6个非事件驱动粒子系统：喷射、雪、超级喷射、暴风雪、粒子阵列和粒子云。

（1）喷射

　　喷射粒子系统模拟雨、水龙头喷水等效果，其效果如图10-32所示。

（2）雪

　　雪粒子系统模拟降雪或纸屑。其与喷射粒子系统类似，但是前者可以生成翻转的雪花，渲染选项也有所不同，其效果如图10-33所示。

（3）超级喷射

　　超级喷射粒子系统可以发射受控制的粒子（图10-34），效果与简单的喷射粒子系统类似，并增加了一些新型粒子系统的功能，其效果如图10-35所示。

（4）暴风雪

　　暴风雪粒子系统比雪粒子系统更强大、更高级。它提供了雪粒子系统的所有功能以及一些其他的特色功能，其效果如图10-36所示。

图10-32 喷射粒子效果

图10-33 投撒的纸屑

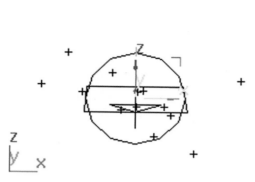

图10-34　超级喷射视口图标（发射器）

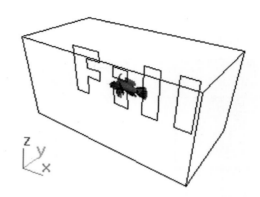

图10-37　粒子云视口图标（基于对象的发射器）

图10-35　从超级喷射系统发射的粒子

图10-38　用于产生一群鱼的粒子云
（每条鱼是一个粒子）

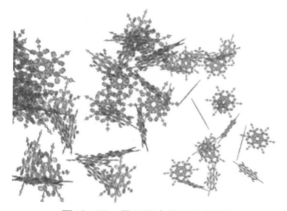

图10-36　暴风雪中的雪花粒子

（5）粒子云

粒子云粒子系统可以创建一群鸟、一个星空或一队在地面行进的士兵。可以使用体积工具（长方体、球体或圆柱体）限制粒子，也可以使用场景中模型作为体积，只要该对象具有深度（图10-37）。

（6）粒子阵列

粒子阵列粒子系统提供两种类型的粒子效果，可将所选模型作为粒子用于发射器发射，此时模型称作分布对象，如图10-38所示，也可用于创建复杂的模型分布效果。

（7）粒子阵列参数

下面以粒子阵列为例，对各参数卷展栏进行详细介绍。

① "基本参数"卷展栏

"基本参数"卷展栏如图10-39所示。使用"基本参数"卷展栏上的选项，可以创建和调整粒子系统的大小，拾

图10-39　"基本参数"卷展栏

取分布对象（图10-40），指定粒子的初始分布和初始速度等。

图10-40 粒子在对象上的分布方式

"基于对象的发射器"组

拾取对象：单击此按钮，然后单击选择场景中的某个对象。所选对象成为发射器，作为形成粒子的源几何体或作为创建类似对象碎片的粒子源几何体。

"粒子分布"组

在整个曲面：在对象的整个曲面上随机发射粒子。

沿可见边：从对象的可见边随机发射粒子。

在所有的顶点上：从对象的顶点上发射粒子。

在特殊点上：在对象曲面上随机分布指定数目的发射器点。

在面的中心：从每个三角面的中心发射粒子。

"显示图标"组

图标大小：用于调整图标的大小参数。

图标隐藏：勾选之后隐藏图标。

"视口显示"组

圆点：粒子显示为圆点。

十字叉：粒子显示为十字叉。

网格：粒子显示为实体模型。

边界框：仅用于实例几何体，每个粒子显示为边界框。

粒子数百分比：以渲染粒子数百分比的形式指定视图中显示的粒子数。默认设置为10%。

② "粒子生成"卷展栏

该选项可以控制粒子产生的时间和速度，粒子的移动方式以及不同时间粒子的大小，如图10-41所示。

"粒子数量"组

使用速率：可以设置每帧产生的粒子数。

使用总数：设置在系统使用寿命内产生的粒子总数。

"粒子运动"组

速度：粒子出生时的速度，以每帧移动的单位计数。

变化：对粒子的发射速度赋予一定的速度变化。

散度：为粒子的发射方向赋予一定的角度变化。

图10-41 "粒子生成"卷展栏

"粒子计时"组

发射开始：设置粒子开始在场景中出现的帧。

发射停止：设置粒子发射的最后一帧。

显示时限：设置所有粒子消失的帧。

寿命：设置粒子的寿命。

变化：为粒子的寿命赋予一定的变化。

子帧采样：通过以较高的帧分辨率对粒子采样，提高渲染质量。

"粒子大小"组

大小：指定系统中所有粒子的大小。

变化：对粒子的大小赋予一定的变化。

增长耗时：粒子从产生到增长到设置的大小值所经历的帧数。

衰减耗时：粒子在消失前缩小到设置的大小值的1/10所经历的帧数。

③ "粒子类型"卷展栏

"粒子类型"卷展栏如图10-42所示，该选

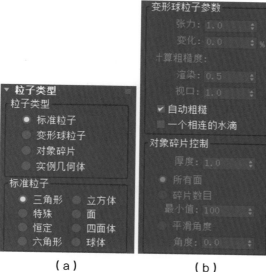

（a）

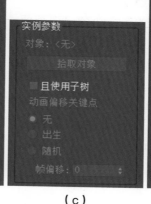

（b）

（c）

（d）

图10-42　"粒子类型"卷展栏

项可以控制粒子类型、贴图类型等。

"粒子类型"组

根据所选选项的不同，"粒子类型"卷展栏下部会出现不同的控件。

标准粒子：使用多种标准粒子类型中的1种，例如三角形、立方体、四面体等。

变形球粒子：变形球粒子由单独的粒子以水滴或粒子流形式混合在一起形成。

对象碎片：使用模型的碎片创建粒子。只有粒子阵列可以使用该选项。此选项用于制作爆炸和破碎碰撞的动画。

实例几何体：生成的粒子是对象、对象链接层次或组的实例。实例几何体粒子对创建人群、生物群或非常细致的对象流非常有效。

"标准粒子"组

标准粒子提供了三角形、立方体、特殊、面、恒定等8种几何物体作为粒子。

"变形球粒子参数"组

张力：设置相关粒子与其他粒子混合倾向的紧密度。

变化：设置张力效果的百分比。

计算粗糙度：设置计算变形球粒子的精确程度。

渲染：设置渲染场景中的变形球粒子的粗

糙度。

视口：设置视图显示的粗糙度。

自动粗糙：启用该选项，会根据粒子大小自动设置渲染粗糙度，视图粗糙度会设置为渲染粗糙度的两倍。

一个相连的水滴：如果禁用该选项，将计算所有粒子；如果启用该选项，仅计算机和显示彼此相连或邻近的粒子。

"对象碎片控制"组

厚度：设置碎片的厚度。

所有面：对象的每个面均成为粒子。

碎片数目：将对象破碎成不规则的碎片。

最小值：指定将出现的碎片的最小数目。

平滑角度：对象会根据指定的面法线夹角形成碎片。

"实例参数"组

拾取对象：单击此按钮，可以拾取视图中的模型作为粒子使用。

且使用子树：启用该选项，可以将拾取对象的链接子对象包含到粒子中。

动画偏移关键点：此选项可以指定粒子的动画计时。

无：每个粒子复制原对象的计时。

出生：粒子将使用相同的开始时间设置

动画。

随机：如果帧偏移设置为"0"，此选项相当于无。

"材质贴图和来源"组

时间：从粒子出生开始完成粒子贴图所需要的帧数。

距离：从粒子出生开始完成粒子贴图所需的距离。

材质来源：此选项指定的粒子材质。

图标：粒子使用系统图标指定的材质。

拾取的发射器：粒子使用分布对象指定的材质。

实例几何体：粒子使用实例几何体指定的材质。

"碎片材质"组

外表面材质ID：为碎片的外表面指定面ID编号。

边ID：为碎片的边指定子材质ID编号。

内表面材质ID：为碎片的内表面指定子材质ID编号。

④"旋转和碰撞"卷展栏

"旋转和碰撞"卷展栏如图10-43所示。此卷展栏上的选项可以影响粒子的旋转，提供运动模糊效果，并控制粒子间碰撞。

图10-43 "旋转和碰撞"卷展栏

"自旋速度控制"组

自旋时间：粒子一次旋转的帧数。如果设置为0，则不进行旋转。

变化：自旋时间变化的百分比。

相位：设置粒子的初始旋转角度。

变化：相位变化的百分比。

"自旋轴控制"组

随机：每个粒子的自旋轴是随机的。

运动方向/运动模糊：围绕由粒子移动方向形成的向量旋转粒子。

拉伸：如果大于0，则粒子根据其速度沿运动轴拉伸。

用户定义：使用X轴、Y轴和Z轴微调器中定义的向量。

变化：设置3个轴向自旋设定的变化百分比值。

"粒子碰撞"组

启用：在计算粒子移动时启用粒子间碰撞。

计算每帧间隔：设置每个渲染间隔的间隔数。

反弹：在碰撞后速度恢复的程度。

变化：应用于粒子的反弹值的随机变化百分比。

⑤"对象运动继承"卷展栏

该选项设置粒子移动的位置和方向（图10-44）。

图10-44 "对象运动继承"卷展栏

影响：设置继承发射器运动的粒子所占的百分比。

倍增：修改发射器运动影响粒子运动的量。

变化：提供倍增值的变化的百分比。

⑥"粒子繁殖"卷展栏

"粒子繁殖"卷展栏如图10-45所示，此选项可以使粒子在碰撞或消亡时繁殖其他粒子。

"粒子繁殖效果"组

选择以下选项之一，可以确定粒子在碰撞或消亡时发生的情况。

无：不使用任何繁殖控件，粒子按照正常方式活动。

碰撞后消亡：粒子在碰撞到绑定的导向器后消失。

持续：粒子在碰撞后持续的帧数。

变化：粒子在碰撞后发生的随机变化。

碰撞后繁殖：与绑定的导向器碰撞时产生繁殖效果。

消亡后繁殖：粒子的寿命结束时产生繁殖

（a）

（b）

（c）

图10-45 "粒子繁殖"卷展栏

效果。

繁殖拖尾：在粒子寿命的结束帧繁殖粒子。

繁殖数目：除原粒子以外的繁殖数。

影响：指定将繁殖的粒子的百分比。

倍增：倍增每个繁殖事件繁殖的粒子数。

变化：逐帧指定"倍增"值将变化的百分比范围。

"方向混乱"组

混乱度：设置繁殖粒子继承父粒子运动方向变化的量。

"速度混乱"组

使用以下选项可以随机改变繁殖粒子与父粒子的相对速度。

因子：繁殖粒子的速度相对于父粒子的速度变化的百分比范围。

慢：应用速度因子减慢繁殖粒子的速度。

快：应用速度因子加快繁殖粒子的速度。

二者：根据速度因子加快有些粒子速度，减慢其他粒子速度。

继承父粒子速度：繁殖粒子继承父粒子的速度。

使用固定值：将"因子"值作为设置值。

"缩放混乱"组

以下选项对粒子应用随机缩放。

因子：为繁殖粒子确定相对于父粒子的随机缩放百分比范围。

向下：随机缩小繁殖的粒子，使其小于其父粒子。

向上：随机放大繁殖的粒子，使其大于其父粒子。

二者：将繁殖的粒子缩放至大于和小于其父粒子。

使用固定值：将"因子"的值作为固定值。

"寿命值队列"组

以下选项可以指定繁殖的每一代粒子的备选寿命值列表。

[列表窗口]：显示寿命值的列表。

添加：将"寿命"微调器中的值加入列表窗口。

删除：删除列表窗口中当前高亮显示的值。

替换：可以使用"寿命"微调器中的值替换队列中的值。

寿命：使用此选项可以设置一个值，并将该值添加到列表窗口。

"对象变形队列"组

使用此组中的选项可以在繁殖的实例对象粒子之间切换。

列表窗口：显示实例化粒子的对象的列表。

拾取：单击此选项选择要加入列表的对象。

删除：删除列表窗口中当前高亮显示的对象。

替换：使用其他对象替换队列中的对象。

10.1.4 案例：喷泉效果制作

案例学习目标：学习超级喷射粒子和喷射粒子系统的操作方式和参数调节。

案例知识要点：掌握超级喷射粒子系统的创建方式和粒子事件的设置方式，通过不同粒子参数的设置和力学效果的添加，来完成喷泉效果的制作过程。

效果所在位置：本书配套文件包>第10章>

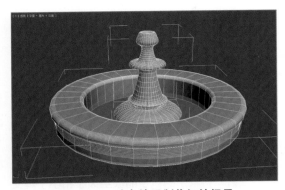

图10-46 喷泉效果制作初始场景

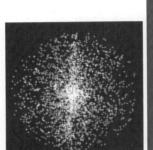

图10-47 创建超级喷射面板并修改参数

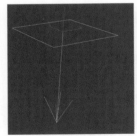
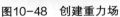

图10-48 创建重力场　　图10-49 重力场参数面板

案例：喷泉效果制作。

① 打开喷泉效果制作的初始效果文件（图10-46）。单击"➕（创建）>⬤（几何体）>粒子系统>超级喷射"按钮，在场景中创建一个超级喷射系统，在修改面板修改其参数，轴偏离：45，扩散：180，平面偏移：90，扩散：180，如图10-47所示。

② 单击"➕（创建）>〰（空间扭曲）>力>重力"按钮，在场景中创建一个重力场系，效果如图10-48所示，调节其参数，如图10-49所示。

③ 选择超级喷射粒子，在主工具栏面板中，单击〰（绑定到空间扭曲）按钮（图10-50），选择重

图10-50 绑定到空间扭曲

力，单击鼠标左键不放，拖拽到超级喷射粒子上，这样就为粒子系统添加了重力的影响，在拖动时间轴观察时，会发现粒子在发射过程中会受到重力的影响而下落。

④ 单击"➕（创建）>⬤（几何体）>粒子系统>喷射"按钮，在顶视图中创建一个喷射系统，然后沿着喷泉的中心旋转复制出6个，在修改面板修改粒子视图和渲染计数为600，水滴大小为7.5，速度为3.0，变化为0.8，如图10-51所示。然后选择6个喷射粒子，在主工具栏面板中，选择〰（绑定到空间扭曲）按钮，将粒子系统也绑定到空间扭曲，效果如图10-52所示。

⑤ 当把所有粒子绑定到空间扭曲之后，显示场景中所有物体，拖动时间滑块观察粒子动画效果，如图10-53、图10-54所示。

⑥ 设置完成后，按一下键盘上的F9键，可以快速渲染观察其效果，如图10-55所示。

图10-51 创建和复制喷射粒子的效果

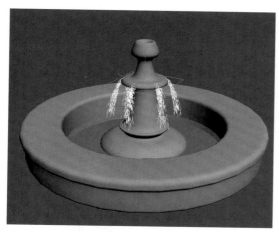

图10-52 绑定到空间扭曲的喷射粒子效果

图10-53 超级喷射效果1

图10-54 超级喷射效果2

图10-55 粒子渲染效果

10.2 ▶ 空间扭曲

空间扭曲是可以影响其他对象外观的工具，一般将其绑定到目标对象上，使目标对象产生变形。空间扭曲物体在视图中显示为一个网格框架，通过移动、旋转和缩放创建出爆炸涟漪、波浪等效果，如图10-56所示。空间扭曲物体可以作用于一个对象，也可以作用于多个对象，同样一个对象也可以有多个空间扭曲物体与之绑定。它会按先后顺序显示在修改器堆栈窗口中，空间扭曲与目标对象的距离不同，其影响力也不同。

在3ds Max 2020中，一些空间扭曲专门用于可变形对象上，如基本几何体、面片和样条线等；其他类型的空间扭曲用于粒子系统，如喷射、雪等。此外，重力、粒子爆炸、风力、马达和推力5种类型空间扭曲可以作用于粒子系统，还可以在动力学模拟中用于特殊的目的。本节主要介绍作用于粒子系统的空间扭曲物体。

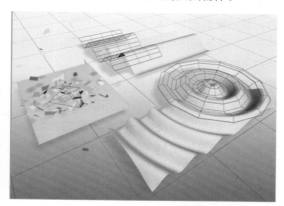

图10-56 被空间扭曲变形的表面
左侧：爆炸 右侧：涟漪 后面：波浪

10.2.1 "力"空间扭曲

在动画制作中，粒子系统与空间扭曲关系紧密，粒子系统往往需要空间扭曲的作用才可以产生各种动画效果。力空间扭曲位于" ╋ （创建）> 〰 （空间扭曲）>力"下拉类表内，主要是为粒子系统施加一种外力，从而改变粒子的运动方向或速度。常用的有以下几种，如图10-57所示。

图10-57　力空间扭曲种类

（1）推力

推力将均匀的单向力施加于粒子系统，其效果如图10-58所示。"推力"空间扭曲没有宽度界限，其宽幅与力的方向垂直。通过"范围"选项设置参数可以对其进行限制。

图10-58　推力可以驱散云状粒子

（2）马达

马达的作用类似于推力，但马达对粒子或对象应用的是转动扭曲而不是定向力，其效果如图10-59所示。马达图标的位置和方向都会对围绕其旋转的粒子产生影响。

图10-59　马达驱散云状粒子

（3）漩涡

漩涡应用于粒子系统时，可以使它们在急转的漩涡中旋转，然后形成一个长而窄的喷流或旋涡井，其效果如图10-60所示。漩涡在创建黑洞、涡流、龙卷风和其他对象时很有用。

（4）阻力

阻力是一种按照指定量来降低粒子速率的粒子运动阻尼器。应用阻尼的方式可以是线性、球

图10-60　漩涡中捕获的粒子流

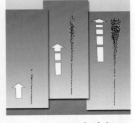

图10-61　阻力降低了粒子流的速度

形或者柱形，其效果如图10-61所示。阻力在模拟风阻、水中的移动、力场的影响以及其他类似的情景时非常有用。

（5）粒子爆炸

粒子爆炸能创建使粒子系统爆炸的冲击波，它有别于使几何体爆炸的爆炸空间扭曲，其效果如图10-62所示。粒子爆炸尤其适合"粒子类型"设置为"对象碎片"的粒子阵列系统。

图10-62　环形结爆炸的效果

（6）路径跟随

"路径跟随"空间扭曲可以强制粒子沿螺旋形路径运动，其效果如图10-63所示。

（7）重力

重力可以实现自然重力效果的模拟，也可以用于动力学模拟中，其效果如图10-64所示。重力具有方向性，沿重力箭头方向的粒子进行加速运动，逆着箭头方向运动的粒子呈减速状。

图10-63　粒子沿螺旋形路径运动

图10-64　重力引起的粒子降落

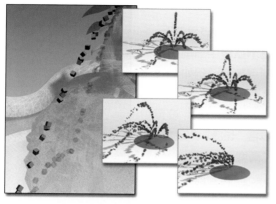

图10-65　风力改变喷泉喷射方向

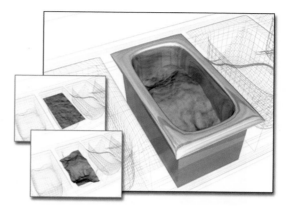

图10-66　用"置换"空间扭曲制作水波效果

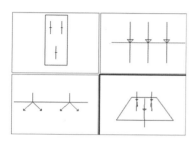

图10-67　泛方向导向板视口图标

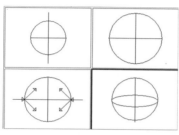

图10-68　泛方向导向球视口图标

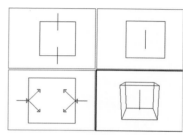

图10-69 "全泛方向导向"视口图标

（8）风

风力可以模拟自然界风吹的效果，也可以用于动力学模拟中，其效果如图10-65所示。风力具有方向性，顺着风力箭头方向运动的粒子呈加速状，逆着箭头方向运动的粒子呈减速状。

（9）置换

置换以力场的形式推动和重塑对象的几何外形。位移对几何体和粒子系统都会产生影响，其效果如图10-66所示。

10.2.2　导向器

导向器用于使粒子偏转。

（1）"泛方向导向板"空间扭曲

泛方向导向板是一种平面泛方向导向器类型。它能提供比原始导向器更强大的功能，包括折射和繁殖能力，效果如图10-67所示。

（2）"泛方向导向球"空间扭曲

泛方向导向球的一种球形泛方向导向器类型，效果如图10-68所示。它提供的选项比原始的导向球更多，不同之处在于它是一种球形的导向表面而不是平面表面。

（3）"全泛方向导向"空间扭曲

全泛方向导向提供的选项比原始的全导向器更多，效果如图10-69所示。该空间扭曲能够使用其他任意几何对象作为粒子导向器。

（4）"导向球"空间扭曲

导向球起着球形粒子导向器的作用（图10-70）。其效果如图10-71所示。

（5）"全导向器"空间扭曲

全导向器可以让操作者使用任意对象作为粒子导向器，其效果如图10-72所示。

（6）"导向器"空间扭曲

导向器起着平面防护板的作用，它能

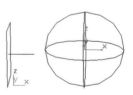

图10-70　导向球视口图标（左侧有粒子系统）

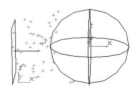

图10-71　导向球排斥粒子

图10-72 粒子撞击到"全导向器"时四处散开

图10-73 两股粒子流撞击两个导向器

排斥由粒子系统生成的粒子。将导向器和重力结合在一起可以产生瀑布和喷泉效果（图10-73）。

10.2.3 几何/可变形

这些空间扭曲用于使几何体变形。

（1）FFD（圆柱体）空间扭曲

自由形式变形（FFD）提供了通过调整晶格控制点使对象发生变形的方法。FFD（圆柱体）空间扭曲在晶格中使用柱形控制点阵列。该FFD既可以作为对象修改器，也可以作为空间扭曲。

"FFD参数"卷展栏如图10-74所示。该卷展栏用来设置晶格的大小和分辨率，以及显示和变形的方式。

"尺寸"组

调整源体积的单位尺寸，并指定晶格中控制点的数目。

半径/高度：用来显示和调节晶格的长度、宽度和高度。

［控制点显示］：显示晶格中当前的控制点数目，例如4×8×4。

设置点数：设置包含"长度""宽度""高度"的点数。

侧面：晶格侧面的控制点数目。

径向：从晶格中心到外围的径向上的控制点数目。

高度：沿晶格高度的控制点数目。

图10-74 "FFD参数"卷展栏

"显示"组

这些选项会影响FFD在视口中的显示。

晶格：打开该选项可以绘制连接控制点的栅格。

源体积：打开该选项时，控制点和晶格会以未修改的状态显示。

"变形"组

这些选项所提供的控件用来指定哪些顶点受FFD影响。

仅在体内：打开该选项时，只有位于源体积内的顶点会变形，源体积外的顶点不受影响。

所有顶点：启用时，所有顶点都会变形，不管它们位于源体积的内部还是外部。

衰减：该参数仅在选择"所有顶点"时可用，当该参数设置为0时，不存在衰减，即所有顶点无论到晶格的距离远近都会受到影响。

张力/连续性：调整变形样条线的张力和连续性。

"选择"组

这些选项提供了选择控制点的其他方法。

全部X/全部Y/全部Z：打开其中1个按钮并选择1个控制点时，沿着该按钮指定的局部维度上的所有控制点都会被选中。打开2个按钮，可以选择两个维度中的所有控制点。

图10-75　使用波浪使长方体变形

（2）"波浪"空间扭曲

波浪可以创建线性波浪。它产生作用的方式与"波浪"修改器相同。波浪空间扭曲可用于影响多个对象，或在世界空间中影响某个对象（图10-75）。其参数卷展栏如图10-76所示。

图10-76　"波浪空间扭曲"参数卷展栏

"波浪"组

这些选项控制波浪效果。

振幅1：设置沿扭曲对象的局部X轴的波浪振幅。

振幅2：设置沿扭曲对象的局部X轴的波浪振幅。

振幅用单位数表示。该波浪是一个沿其Y轴为正弦，沿其X轴为抛物线的波浪。其中，振幅1位于为波浪Gizmo的中心，而振幅2位于Gizmo的边缘。

波长：以活动单位数设置每个波浪沿其局部Y轴的长度。

相位：从波浪对象的中央开始偏移波浪的相位。设置该参数会使波浪像是在空间中传播。

衰退：增加"衰退"值会导致振幅从波浪扭曲对象的所在位置开始随距离的增加而减弱。

"显示"组

这些选项控制波浪扭曲Gizmo的几何体。

边数：设置沿波浪对象的X轴的边分段数。

分段：设置沿波浪对象的Y轴的分段数目。

拆分：在不改变波浪效果的情况下调整波浪图标的大小。

（3）"涟漪"空间扭曲

涟漪可以创建同心波纹（图10-77）。它产生作用的方式与"涟漪"修改器相同。涟漪空间

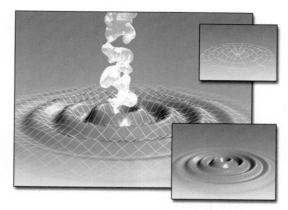

图10-77　使用涟漪使表面变形

扭曲可用于影响多个对象，或在世界空间中影响某个对象，其参数卷展栏如图10-78所示。

图10-78　"涟漪空间扭曲"参数卷展栏

"涟漪"组

由拖动设置的振幅值会相等地应用在所有方向中。

振幅1：设定沿扭曲对象的局部X轴的涟漪振幅。

振幅2：设定沿扭曲对象的局部X轴的涟漪振幅。

波长：以活动单位数设定每个波的长度。

相位：从其在波浪对象中央的原点开始偏移波浪的相位。

衰退：增加"衰退"值会导致振幅从涟漪扭曲对象的所在位置开始随距离的增加而减弱。

"显示"组

这些选项控制着涟漪扭曲对象图标的显示。

圈数：设定涟漪图标中的圆圈数目。

分段：设定涟漪图标中的分段数目。

尺寸：调整涟漪图标的大小。

（4）"爆炸"空间扭曲

爆炸主要用于物体炸开效果的制作（图10-79）。其参数卷层栏如图10-80所示。

"爆炸"组

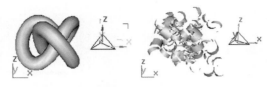

图10-79　环形结及环形结的爆炸效果

强度：设置爆炸力。对象离爆炸点越近，爆炸的效果越强。

自旋：碎片旋转的速率，以每秒转数表示。

衰退：爆炸效果距爆炸点的距离，以单位数表示。

启用衰减：打开该选项即可使用"衰减"设置。

图10-80　"爆炸空间卷展栏"

"分形大小"组

这两个参数决定每个碎片的面数。

最小值：指定"爆炸"随机生成的每个碎片的最小面数。

最大值：指定"爆炸"随机生成的每个碎片的最大面数。

"常规"组

重力：指定由重力产生的加速度。注意重力的方向总是世界坐标系Z轴方向。重力可以为负。

混乱：增加爆炸的随机变化，使其不太均匀。

起爆时间：指定爆炸开始的帧。

种子：更改该设置可以改变爆炸中随机生成的数目。

10.2.4 案例：制作爆炸的药丸

案例学习目标：学习粒子系统和空间扭曲力场的操作方式和参数调节。

案例知识要点：掌握基础粒子系统的创建方式，通过粒子基础参数的设置和空间扭曲力场效果的添加，来完成喷泉效果的制作过程。

效果所在位置：本书配套文件包>第10章>案例：制作爆炸的药丸。

① 打开爆炸的药丸初始效果文件，如图10-81所示。单击"➕（创建）>⚪（几何体）>粒子系统>超级喷射"按钮，在场景中创建一个超级喷射系统，方向和大小如图10-82所示。在修改面板修改其参数，轴偏离：0，扩散：180，平面偏移：0，扩散：180，如图10-83所示，视图预览效果如图10-84所示。

图10-81　爆炸的药丸初始场景

图10-82　创建超级喷射系统

② 按一下键盘上的M键，弹出材质编辑器对话框，简

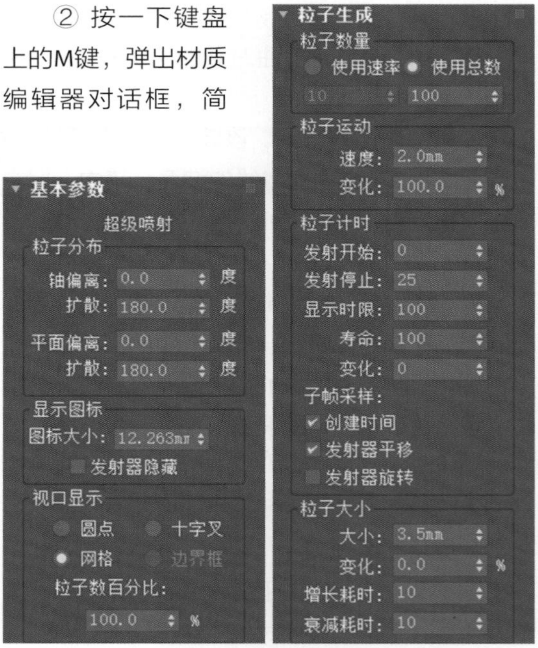

图10-83　超级喷射参数修改面板

单设置一下超级喷射粒子的材质，效果如图10-85所示。视图预览效果如图10-86所示。

③ 单击"➕（创建）>〰（空间扭曲）>导向器>导向球"，在场景中创建一个导向球，效果如图10-87所示。调节其参数，将反弹设置

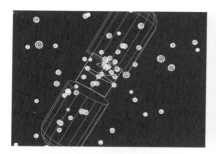

图10-84　视图预览效果

图10-87　绑定到空间扭曲的视图效果

图10-88　导向球设置
参数

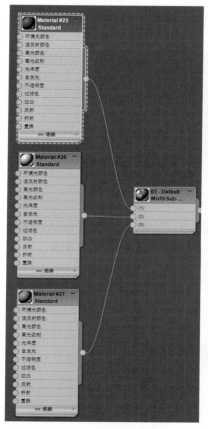

图10-85　超级喷射材质设计

图10-86　超级喷射视图预览效果

图10-89　创建马达面板

图10-90　马达参数修
改设置

图10-91　马达基本扭
矩设置

为0.3，给予一定的反弹力，如图10-88所示。选择超级喷射粒子，在主工具栏面板中，选择 ≋（绑定到空间扭曲）按钮，这样就为粒子系统添加了导向球的影响，在拖动时间轴观察时，会发现粒子在发射过程中会受到导向球的影响而下落。

④ 单击"➕（创建）> ≋（空间扭曲）>力>马达"，在场景中创建一个马达，如图10-89所示。在编辑修改列表中调节参数，开始时间为20，结束时间为100，基本扭矩为10，如图10-90所示。选择超级喷射粒子，在主工具栏面板中，选择 ≋（绑定到空间扭曲）按钮，将马达链接到超级喷射粒子，拖动时间轴观察，粒子在发射过程中会受到马达的影响。

⑤ 接下来为场景创建动画效果。打开时间轴的 自动 按钮，将时间滑块拖动到第0帧的位置，调节马达的基本扭矩为10；将时间滑块拖动到第100帧的位置，调节马达的基本扭矩为20，如图10-91所示。

⑥ 第45帧的视图预览效果如图10-92所示。

图10-92　第45帧的视图预览效果

10.3 ▶ 课堂实训：流体水的制作

实训目标：学习粒子云的操作方式和参数调节，理解力效果在粒子云中的应用方法。

实训要点：掌握粒子云的创建方式和粒子事件的设置调整，通过与力效果的组合，来完成流体水的制作过程。

效果所在位置：本书配套文件包>第10章>课堂实训：雨中挡板的制作。

① 打开流体水制作的初始效果文件，如图10-93所示。单击"➕（创建）>⬤（几何体）>粒子系统>粒子云"按钮，在场景中创建一个粒子云，在修改面板设置相关的显示图标参数，如图10-94所示。

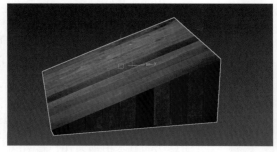

图10-93　打开场景模型

② 打开"粒子生成"卷展栏，修改相关参数，如图10-95所示。单击"➕（创建）>〰（空间扭曲）>导向器>泛方向导向板"，在场景中创建一个泛方向导向板，放置在木箱上方，调节其参数，效果如图10-96所示。

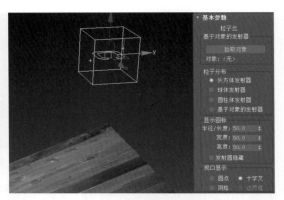

图10-94　创建粒子云

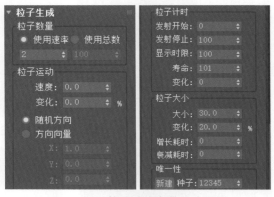

图10-95　粒子源流参数修改面板

图10-96　创建泛方向导向板并调整参数

③ 在场景中创建一个重力，如图10-97所示调整参数。创建完成的场景如图10-98所示。

④ 单击〰（绑定到空间扭曲），单击选择

场景中的重力，按住
鼠标左键不放，将其
拖拽到粒子云上。同
理，使用同样的方法
将导向板拖拽到粒
子云上，如图10-99
所示。

图10-97　创建重力参
数面板

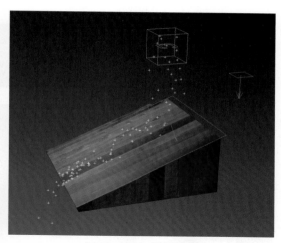

图10-100　播放动画

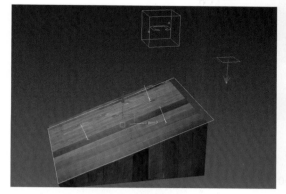

图10-98　对象的位置

图10-101　设置粒子
类型

⑤ 点击播放按
钮，如图10-100所示
播放动画。打开"粒
子类型"卷展栏，调
整相关参数，如图10-
101所示。设置完成
后，再次播放动画
（图10-102）。

⑥ 打开材质编辑
器，选择一个材质
球，将标准材质切换
为光线追踪材质（图
10-103）。调整材质
球参数，将漫反射颜
色的RGB设置为246，249，255，反射颜色的
RGB设置为24，24，24，透明度的RGB设置为

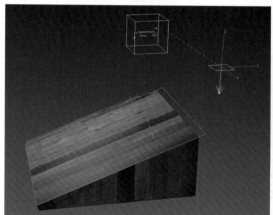

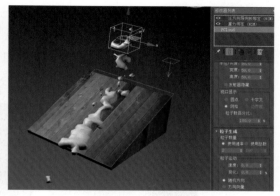

图10-102　播放动画

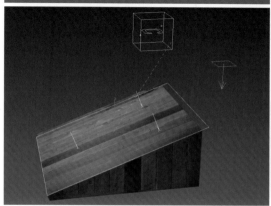

图10-99　将重力、导向板绑定到粒子系统

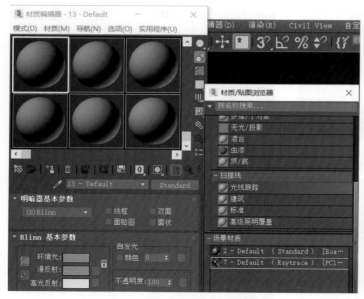

图10-103　Force 02参数设置

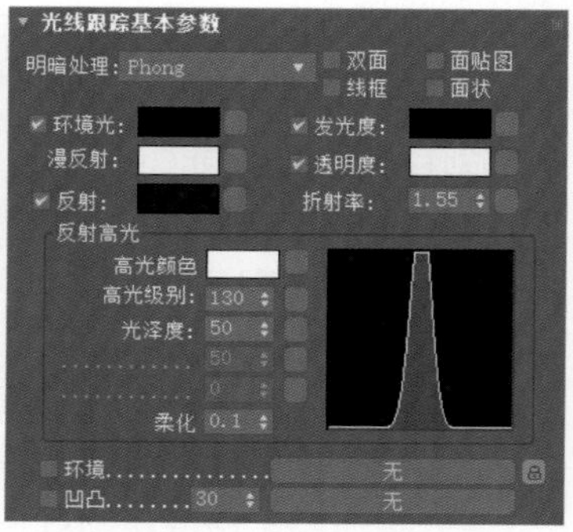

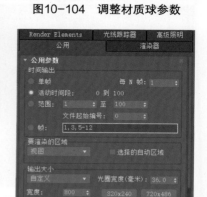

图10-104　调整材质球参数

247，247，247，并对高光级别和光泽度进行调整，完成后的效果如图10-104所示。将材质赋予给粒子云，点击F10打开渲染器设置，参数设置如图10-105所示。

⑦ 设置完成后，点击Shift+Q对动画进行快速渲染，效果如图10-106、图10-107所示。

图10-105　调整渲染参数

图10-106　第40帧动画效果

图10-107　第80帧动画效果

课后习题

综合学习粒子源流粒子的使用方式，运用Find Target粒子事件来完成PF Source粒子聚字动画的设计与制作，实现如图10-108~图10-110所示的效果。操作步骤及最终效果文件见本书配套文件包>第10章>课后习题：PF Source粒子聚字动画制作。

图10-108 第14帧动画效果

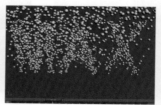

图10-109 第30帧动画效果

图10-110　第55帧动画效果

第 **11** 章
环境特效动画制作

 本章内容 讲解3ds Max 2020中常用的"环境和效果"编辑器和Video Post后期合成。"环境和效果"编辑器不但可以设置背景和背景贴图，还可以模拟现实生活中对象被特定环境围绕的现象，如雾、火焰、体积光等。Video Post后期合成是功能强大的编辑、合成与特效处理工具，它将场景图片、滤镜等要素结合起来。通过本章，学习者将掌握3ds Max中环境特效动画的制作和应用技巧。

 学习目标 熟悉环境编辑器的使用方法；了解公用参数和曝光控制的使用方法；掌握大气特效的使用方法和参数调节；掌握Video Post后期合成的使用方法和参数调节。

11.1 ▶ 环境编辑器

大气特效可以创建火效果、雾、体积雾、体积光等4种大气效果。在菜单栏中选择"渲染>环境命令"，弹出环境和效果对话框，如图11-1（a）所示。然后在"大气"面板中单击 添加... 按钮，即可弹出"添加大气"对话框，如图11-1（b）所示。大气效果只在摄影机视图或透视图中会被渲染，在正交视图或用户视图中不会被渲染。

火效果：可以制作火焰、烟雾和爆破等动画效果，包括模拟篝火、火炬、烟云和星云等，必须以大气装置为载体才能产生效果，其效果如图11-2所示。

雾：提供雾和烟雾的大气效果，随着与摄影机距离的增加，对象逐渐被雾笼罩，其效果如图11-3所示。

体积雾：提供体积雾的效果，雾密度在3D空间中不是恒定的，可以形成透气性的云状雾效果，如图11-4所示。

体积光：根据灯光与大气（雾、烟雾等）的相互作用提供照明

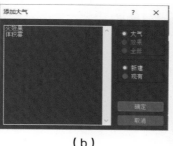

（a）　　　　　　（b）
图11-1　"环境和效果"与"添加大气"对话框

图11-2　火效果

图11-3　标准雾效果

图11-4　体积雾效果

图11-5　体积光效果

效果，其效果如图11-5所示。

11.2 ▶ "公用参数"卷展栏

"公用参数"卷展栏用于设置场景的背景颜色及环境贴图，其详细的参数设置如下。

颜色：设置场景和背景的颜色。单击下方的色块，然后在"颜色选择器"中选择所需的颜色，如图11-6所示。

环境贴图：环境贴图按钮会显示贴图的名称，如果尚未设置名称，则显示"无"，贴图必须使用环境贴图坐标等。要指定环境贴图，单击"无"按钮，使用"材质/贴图浏览器"选择贴图。

使用贴图：勾选该选项，当前环境贴图才生效。

染色：如果此颜色不是白色，则为场景中的所有灯光（环境光除外）染色。单击色块，显示"颜色选择器"对话框，用于选择色彩颜色。

级别：增强场景中的所有灯光。如果级别为1.0，则保持灯光的原始设置。增大级别将增强场景的照明强度。减小级别将减弱场景的照明强度。

环境光：设置环境光的颜色。单击色块，然后在"颜色选择器"中选择所需的颜色。

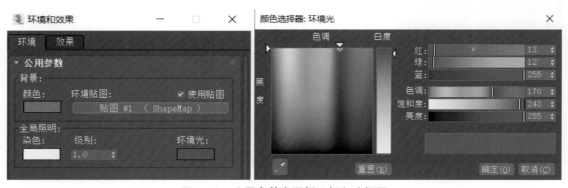

图11-6　公用参数卷展栏及颜色选择器

11.3 ▶ "曝光控制"卷展栏

"曝光控制"卷展栏用于调整渲染的输出级别和颜色范围。曝光控制可以补偿显示器有限的动态范围。显示器上显示的最亮颜色要比最暗颜色亮大约100倍。曝光控制调整颜色亮度，使其更好地模拟眼睛的大体动态范围，同时使其仍在合适渲染的颜色范围内。

"曝光控制"卷展栏如图11-7所示。

图11-7 "曝光控制"卷展栏

[下拉列表]：选择要使用的曝光控制，如图11-8所示。其中，"找不到位图代理管理器"是指没有处于活动状态的曝光控制，该选项是默认选项；物理摄影机曝光控制是物理摄影机渲染高动态范围场景时使用。

图11-8 "曝光控制"下拉列表

活动：勾选该选项时，在渲染中使用当前曝光控制；取消勾选时，不使用当前曝光控制。

处理背景与环境贴图：勾选该选项时，场景中的背景贴图会受曝光控制的影响；取消勾选时，则不受曝光控制的影响。

渲染预览：单击该按钮，在预览窗口中会显示出受曝光控制的影响效果。渲染前先执行这个命令，可以对曝光设置进行预览。

11.3.1 对数曝光控制

"对数曝光控制"通过调整亮度、对比度等模拟阳光中的室外效果，该卷展栏如图11-9所示。

亮度：调整颜色的亮度值。

图11-9 "对数曝光控制"参数卷展栏

对比度：调整颜色的对比度值。

中间色调：调整中间色的色值范围到更高或更低。

物理比例：设置曝光控制的物理比例，用于非物理灯光。

颜色校正：修正由于灯光颜色影响产生的视角颜色偏移。

降低暗区饱和度级别：通过该选项，可以模拟环境光线昏暗，眼睛无法分辨色相的视觉效果。

仅影响间接照明：勾选该选项，曝光控制仅影响间接照明区域。

室外日光：该选项用于处理IES Sun灯光用于场景照明时产生的曝光过度问题。

11.3.2 伪彩色曝光控制

"伪彩色曝光控制"使用不同的颜色来显示场景中的灯光照明强度和效果，红色代表照明过度，蓝色代表照明不足，而绿色代表照明合适，其参数卷展栏如图11-10所示。

图11-10 "伪彩色曝光控制"参数卷展栏

数量：选择所测量的值，包括"照度""亮度"。其中"照度"显示入射光的值，"亮度"显示反射光的值。

样式：选择显示值的方式，包括"彩色"和"灰度"。"彩度"显示从白色到黑色范围的灰色色调。

比例：选择使用映射的方法，包括"对数"和"线性"。其中"对数"是指使用对数的比例，"线性"是指使用线性的比例。

最小值：设置在渲染中要测量和表示的最低值。小于等于此值将映射最左端的显示颜色。

最大值：设置在渲染中要测量和表示的最高

值。大于等于此值将映射最右端的显示颜色。

物理比例：设置曝光控制的物理比例。

11.3.3 线性曝光控制

"线性曝光控制"对渲染图像进行采样，计算出场景的平均亮度值并将其转换成RGB值，适合于低动态范围的场景。它的参数类似于"曝光控制"，其参数选项参见"自动曝光控制"（图11-11）。

图11-11 "线性曝光控制"参数卷展栏

11.3.4 自动曝光控制

"自动曝光控制"对当前渲染的图像进行采样，创建一个柱状图统计结果，依据采样统计结果对不同的色彩分布进行曝光控制，进而提高场景中的光效亮度。其参数卷展栏如图11-12所示。

图11-12 "自动曝光控制"参数卷展栏

> **提示** 如果场景有动画设置，最好不使用自动曝光控制，因为自动曝光控制会在每帧产生不同的柱状图，会使得渲染的动态图像出现抖动。

亮度：调整颜色亮度值。

对比度：调整的颜色对比度。

曝光值：调整渲染的总体亮度，它的范围为 − 5~5。

物理比例：设置曝光控制的物理比例。

颜色校正：修正由于灯光颜色影响产生的视角颜色偏移。

降低暗区饱和度级别：通过该选项，可以模拟环境光线昏暗，眼睛无法分辨色相的视觉效果。

11.4 ▶ 大气特效

11.4.1 "火效果参数"卷展栏

"火效果参数"卷展栏及效果如图11-13所示。

（1）"Gizmos"组

拾取 Gizmo：单击此按钮，可以选择大气装置添加到装置列表。

移除 Gizmo：单击此按钮，可以将大气装置移出装置列表。

（2）"颜色"组

内部颜色：设置效果中最密集的颜色，此颜色代表火焰中温度最高的部分。

外部颜色：设置效果中最稀薄的颜色，此颜色代表火焰中温度最低的部分。

烟雾颜色：设置烟雾的颜色，如果启用"爆炸"选项，内部颜色和外部颜色将变为烟雾颜色。

（3）"图形"组

火舌：沿着中心创建具有方向的火焰。火焰方向沿着装置的局部Z轴，形成类似于篝火的火焰，其效果如图11-14（a）所示。

火球：创建圆形的爆炸火焰，适合制作爆炸效果，

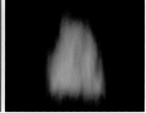

图11-13 "火效果参数"卷展栏及效果

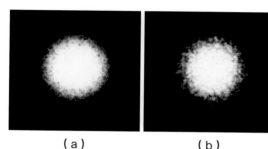

（a）　　　　　　　　（b）

图11-14　火舌和火球效果

其效果如图11-14（b）所示。

拉伸：将火焰沿着Z轴缩放，拉伸为椭圆形状，适合制作火舌效果。其效果如图11-15所示。

规则性：设置火焰填充的方式。范围为0~1，其效果如图11-16所示。

拉伸：0.5　　　拉伸：1　　　拉伸：3

图11-15　不同拉伸值的效果

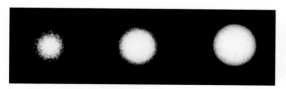

规则性：0.2　　规则性：0.5　　规则性：1

图11-16　不同规则性值的效果

（4）"特性"组

火焰大小：设置装置中各个火焰的大小。装置大小会影响火焰的大小，装置越大，需要的火焰也越大。其效果如图11-17所示。

火焰大小：15　　火焰大小：30　　火焰大小：50

图11-17　不同火焰大小值的效果

火焰细节：控制每个火焰中显示的颜色更改量和边缘尖锐度。范围为0~10，较低的值可以生成平滑、模糊的火焰；较高的值可以生成清晰的火焰，其效果如图11-18所示。

密度：设置火焰效果的不透明度和亮度。密度值越小，火焰越稀薄、透明，其效果如图11-19所示。

采样：设置效果的采样率。值越高，生成的结果越精确，渲染时间也越长。

火焰细节：1　　火焰细节：2　　火焰细节：5

图11-18　不同火焰细节值的效果

密度：10　　　密度：60　　　密度：120

图11-19　不同火焰密度值的效果

（5）"动态"组

相位：设置更改火焰效果的速率。可以设置不同的相位值来表现动画效果，如图11-20所示。

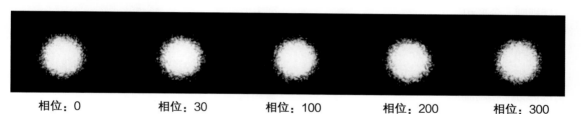

相位：0　　　相位：30　　　相位：100　　　相位：200　　　相位：300

图11-20　不同相位值的效果

漂移：设置火焰沿装置Z轴的渲染方式。

（6）"爆炸"组

爆炸：根据相位值自动设置大小、密度和颜色动画。

烟雾：设置爆炸是否产生烟雾。

剧烈度：改变相位参数的涡流效果。

设置爆炸...：单击此按钮，弹出设置爆炸相位对话框。输入开始时间和结束时间，设置爆炸动画。

11.4.2 "体积雾参数"卷展栏

"体积雾参数"卷展栏如图11-21所示，该卷展栏中的常用参数解释如下。

（1）"体积"组

指数：雾效随距离按指数增大密度。禁用该选项，雾效密度随距离线性增大。

密度：控制雾的密度。范围为0~20，超过该范围值将会看不到场景，其效果如图11-22所示。

图11-21 "体积雾参数"卷展栏

步长大小：确定雾的采样颗粒和细节。

最大步数：限制采样量。

（2）"噪波"组

类型：设置体积雾的噪波类型，包括规则、分形和湍流3种。

级别：设置噪波的迭代次数。只有选择分形和湍流选项，该选项才启用。

图11-22 不同密度值的效果

反转：反转噪波效果。

噪波阈值：限制噪波效果。范围为0~1。

均匀性：范围为-1~1。值越小，雾越薄，体积越透明。

级别：设置噪波迭代应用的次数。只有选择分形或湍流噪波时才启用。

大小：确定雾的颗粒大小，其效果如图11-23所示。

相位：控制雾的移动。

图11-23 不同大小值的效果

风力强度：控制风的强度。

风力来源：控制风的来源方向，有6个方向可以选择。

11.4.3 "体积光参数"卷展栏

体积光根据灯光与大气（雾、烟雾等）的相互作用提供光照效果。体积光参数卷展栏如图11-24所示。下面就对其中常用的一些参数进行介绍。

（1）"灯光"组

拾取灯光／移除灯光按钮：单击拾取灯光按钮，在视口中添加体积光启用的灯光；单击移除灯光按钮，将灯光从列表中移除。

（2）"体积"组

雾颜色：设置组成体积光的雾的颜色。

图11-24 "体积光参数"卷展栏

衰减颜色：体积光随距离从雾颜色渐变到衰减颜色。

指数：随距离按指数增大密度。

密度：设置雾的密度。不同密度效果如图11-25所示。

（3）"噪波"组

启用噪波：启用和禁用噪波。

数量：雾的噪波的百分比。不同效果如图11-26所示。

类型：设置噪波类型，有规则、分形和逆流3种。

反转：反转噪波效果。浓雾将变为半透明的雾，反之亦然。

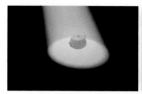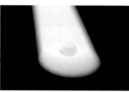

图11-25　不同密度值的效果

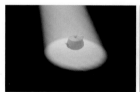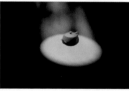

图11-26　不同数量值的躁波效果

11.4.4　案例：灯光特效的制作

案例学习目标：学习用体积光来完成灯光特效的制作。

案例知识要点：通过体积光效果的使用和参数设置来完成灯光特效的制作。

效果所在位置：本书配套文件包>第11章>案例：灯光特效的制作。

① 打开本书配套文件包中的初始效果文件，效果如图11-27左图所示。选择聚光灯，进入修改面板，在聚光灯参数面板中将调节聚光灯/光束值设置为"20"，将衰减区/区域值设置为"22"，效果如图11-27右图所示。

② 单击键盘上的数字"8"，打开环境和效果对话框，在"大气"卷展栏中点击 添加... 按钮，在弹出的添加大气或效果对话框内选择体积光，并点击确定。在"体积光参数"卷展栏中，点击灯光组中的 拾取灯光 ，在视图中选择聚光灯，将体积光效果添加到聚光灯上，效果如图11-28所示。点击体积组下的雾颜色，将雾颜色更改为淡黄色（240，220，210），如图11-29所示。

③ 设置参数，将密度更改为0.2，选择"高"，将采样体积设置为80%。在"噪波"组中，勾选"启用躁波"，将数量设置为0.5，勾选"链接到灯光"，效果如图11-30所示。修改完成后，点击Shift+Q进行快速渲染，效果如图11-31所示。

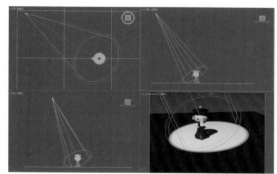

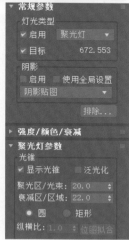

图11-27　打开场景并设置参数

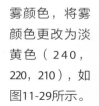

图11-28　体积光效果添加到聚光灯

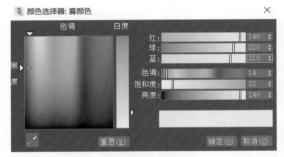

图11-29　设置雾颜色

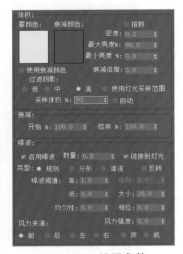

图11-30　设置参数

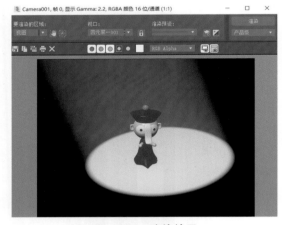

图11-31　渲染效果

11.5 ▶ 影视后期处理

影视后期处理是独立的对话框，该对话框的编辑窗口会显示视频中每个事件出现的时间，每

图11-32　影视后期处理对话框

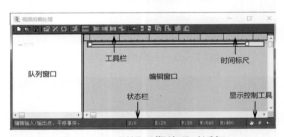

图11-33　影视后期处理对话框

个事件都与具有范围栏的轨迹相关联。点击渲染>影视后期处理，即可打开影视后期处理对话框（图11-32），该对话框的界面如图11-33所示。

11.5.1　影视后期处理功能介绍

① 队列窗口：提供要合成的图像、场景和事件的层级列表。

② 状态栏：显示当前事件的开始帧、结束帧等信息，中间5个信息栏含义如下。

S（开始）/E（结束）：显示选定轨迹的开始帧和结束帧。

F（帧）：显示选定轨迹或整个队列的帧总数。

W（宽度）/H（高度）：显示队列中事件渲染图像的宽度和高度。

③ 显示控制工具：控制编辑窗口的显示大

小，各按钮功能介绍如下。

（推移）：用于移动事件轨迹的区域。

（最大化显示）：水平调整事件轨迹区域，使轨迹栏的所有帧都可见。

（放大时间）：在事件轨迹区域显示较多或较少数量的帧，可缩放显示。

（区域放大）：通过在事件轨迹区域中拖动矩形来放大选择区域。

④ 编辑窗口：以条棒表示当前项目作用的时间区域。

⑤ 时间标尺：显示当前动画时间的总长度。

⑥ 工具栏：罗列了影视后期处理的全部主命令按钮，其功能介绍参见表11-1。

表11-1　工具栏功能介绍

按钮与名称	功 能 简 介
（新建序列）	创建新的图像序列
（打开序列）	打开存储在磁盘上的图像序列
（保存文件）	将当前图像序列保存到电脑
（编辑当前事件）	编辑选定事件的属性和类型
（删除当前事件）	删除图像队列中选定的事件
（交换事件）	切换队列中两个选定事件的位置
（执行序列）	对当前窗口中的图像序列进行渲染输出
（编辑范围栏）	对事件轨迹区域的图像范围栏提供编辑功能
（将选定项靠左对齐）	向左对齐两个或多个选定图像范围栏
（将选定项靠右对齐）	向右对齐两个或多个选定图像范围栏
（将选定项大小相同）	使选定的事件与当前的事件大小相同
（关于选定项）	将选定的事件端对端连接
（添加场景事件）	将选定摄影机视图中的场景添加至队列
（添加图像输入事件）	将静止或移动的图像添加至场景
（添加图像过滤事件）	提供图像和场景的图像处理
（添加图像层事件）	添加合成插件来分层队列中选定的图像
（添加图像输出事件）	提供用于编辑输出图像事件的控制
（添加外部事件）	为当前项目加入一个外部处理程序，如Photoshop、CorelDraw等
（添加循环事件）	在视频输出中重复其他事件

影视后期处理对话框提供了合成的图像、场景和事件的层级列表，可以加入多种类型的项目，包括动画、滤镜、合成器等，将场景、图像、动画组合在一起产生组合图像效果，并能分段链接，以起到剪辑影片的作用。同时，还可以添加燃烧、光晕、淡入淡出等特殊效果。

11.5.2　案例：耀斑特效的制作

案例学习目标：使用影视后期处理来完成耀斑特效的制作。

案例知识要点：通过影视后期处理中的光晕、光环、自动二级光斑等进行图像特效处理，并合成渲染输出动画影片。

效果所在位置：本书配套文件包>第11章>案例：耀斑特效的制作。

① 双击耀斑特效的初始效果文件，打开后的效果如图11-34所示。场景中有一个路灯、一面墙、一棵树以及地面等。

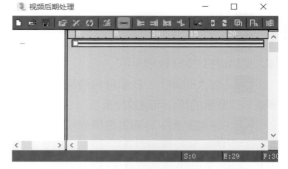

图11-35　打开"视频后期处理"对话框

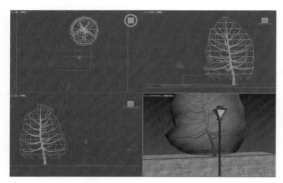

图11-34　打开场景文件

② 首先点击 渲染(R) > 视频后期处理(V)...，打开"视频后期处理"对话框，效果如图11-35所示。单击 ⊠（添加图像过滤事件）按钮，在列表中选择"镜头效果光斑"，效果如图11-36所示。

③ 选择"镜头效果光斑"后，单击 设置... 按钮，就会打开"镜头效果光斑"对话框，单击对话框中"预览"按钮，这样在修改参数时，窗口就可以实时更新光斑效果，如图11-37所示。添加光源，点击 节点源 按钮，在弹出的"选择光斑对象"对话框中，选择Omini001，如图11-38所示，点击确定，此时显示窗口中就会显示光斑效果。

图11-36　选择"镜头效果光斑"

④ 修改参数，将镜头光斑属性组的强度设置为80，在右侧的首选项面板中，将自动二级光斑的渲染勾选，阻光设置为50，效果如图11-39所示。在光晕面板中，将大小设置为60，效果如图11-40所示。

⑤ 继续修改参数，在自动二级光斑面板中，将最小、最大、数量分别设置为5、20、15，并将径向颜色

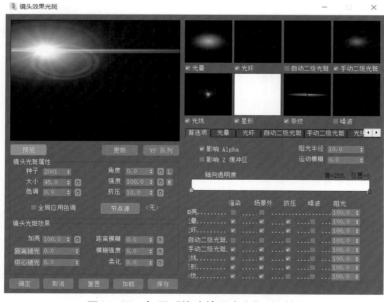

图11-37　打开"镜头效果光斑"对话框

图11-38 "选择光斑对象"添加灯光

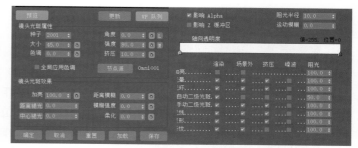

图11-39 设置参数

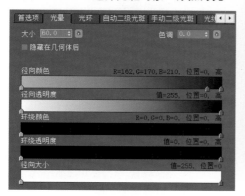

图11-40 设置光晕大小

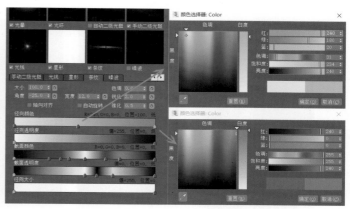

图11-42 修改"条纹"参数

图11-41 修改"自动二级光斑"参数

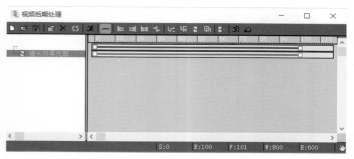

图11-43 修改光斑范围条

后,可以查看预览窗口的耀斑效果。

⑥ 点击镜头效果光斑对话框下方的确定按钮,返回视频后期处理面板中,设置光斑范围条的最右侧的□(小方块)到100帧,如图11-43所示。

⑦点击 (执行序列),选择时间输出组中的单个选项,将输出大小设置为800×600,如图11-44所示,点击渲染按钮,即可渲染耀斑效果,如图11-45所示。

的最右边色标设置为153、7、0,如图11-41所示。在条纹面板中,将大小设置为100,角度设置为-25,锐化为2.0,修改径向颜色,将中间色标颜色设置为240、180、20,最右侧色标颜色设置为240、0、0,如图11-42所示。设置完成

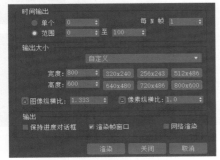

执行视频后期处理

图11-44 设置输出参数

图11-45 最终渲染效果

11.6 ▶ 课堂实训：火炬特效的制作

实训目标：使用火效果来完成火炬特效的制作。

实训要点：通过大气装置、火效果的配合使用来完成火炬特效的制作。

效果所在位置：本书配套文件包>第11章>课堂实训：火炬特效的制作。

① 双击火炬特效初始效果文件，打开后的效果如图11-46所示。场景中有一个火炬、一面墙，以及一个目标聚

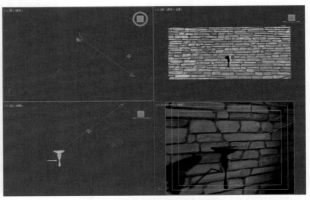

图11-46 打开场景文件

光灯和泛光灯等。

② 首先打开 ➕ > ◺ >大气装置，点击球体Gizmo，在视图中创建一个大气装置，放在火炬模型的上方，如图11-47所示。在修改面板中，将半径设置为26，并勾选半球，在视图中沿Y轴对半球进行适当拉伸，效果如图11-48所示。

③ 打开环境和效果对话框，在大气卷展栏中点击 添加 ，在弹出的对话框中选择"火效果"，在"火效果"参数卷展栏中，单击Gizmos组的 拾取 Gizmo 按钮，将火效果添加到大气装置上，点击Shift+Q键进行快速渲染（图11-49）。修改火效果参数，将图形组中

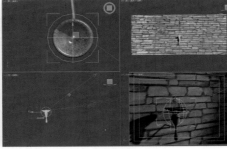

图11-47 创建球体Gizmo

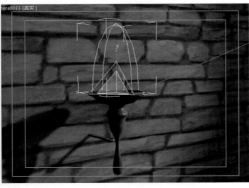

图11-48 设置参数并拉伸

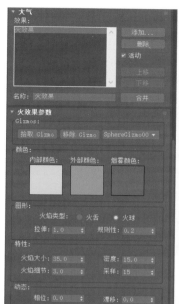

图11-52 设置渲染时间

的火焰类型设置为火球，拉伸设置为2.0，规则性设置为0.5，火焰大小设置为30，采样值设置为30，如图11-50所示。

④ 下面开始设置动画效果。点击时间轴下方的 自动 ，将时间轴拖到0帧，在"动态"组中，将相位设置为0，然后将时间轴拖到100帧，在相位中输入200，如图11-51所示。将渲染器打开，渲染时间为0~100，效果如图11-52所示。

⑤ 设置完成后，点击Shift+Q键就可以对火炬特效进行渲染，效果如图11-53所示。

图11-53 最终渲染效果

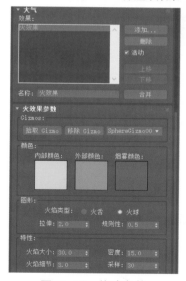

图11-49 拾取Gizmo并渲染效果

图11-50 修改参数

打开本书配套文件包>第11章>课后习题：动画特效合成制作中的初始效果文件**课后习题** 打开本书配套文件包>第11章>课后习题：动画特效合成制作中的初始效果文件，效果如图11-54所示，根据视频后期处理的概念和原理，实现如图11-55所示的渲染效果。具体操作步骤及最终效果文件见文件包。

图11-51 设置相位数值

图11-54 动画特效合成场景设置

图11-55 渲染效果图

参考文献及相关网站

[1]　陆平，陈熙. 计算机三维动画制作教程：3ds Max. 北京：人民邮电出版社，2010.

[2]　程静. 3ds Max三维设计制作标准教程（2010版）. 北京：人民邮电出版社，2011.

[3]　王军，王琛. 3ds max骨骼动画高级应用技法. 北京：兵器工业出版社，2006.

[4]　唐琳，邵宝国，张来峰. 中文版3ds Max效果图制作课堂实录. 北京：清华大学出版社，2016.

[5]　唐倩，耿晓武. 3ds Max 2018从入门到精通. 北京：中国铁道出版社，2018.

[6]　http://help. autodesk. com/view/3DSMAX/2020/CHS//